DESIGN
&
APPLICATION
应用设计

Creative Sketching Design

创新手绘设计

刘宇 等 编著

辽宁美术出版社
Liaoning Fine Arts Publishing House

图书在版编目（ＣＩＰ）数据

创新手绘设计 / 刘宇等编著. -- 沈阳:辽宁美术
出版社，2014.2
　　（应用设计）
　　ISBN 978-7-5314-5677-3

　　Ⅰ．①创… Ⅱ．①刘… Ⅲ．①建筑设计–绘画技法
Ⅳ．①TU204
　　中国版本图书馆CIP数据核字（2014）第025363号

出 版 者：辽宁美术出版社
地　　 址：沈阳市和平区民族北街29号　邮编：110001
发 行 者：辽宁美术出版社
印 刷 者：沈阳新华印刷厂
开　　 本：889mm×1194mm　1/16
印　　 张：30
字　　 数：750千字
出版时间：2014年2月第1版
印刷时间：2014年2月第1次印刷
责任编辑：苍晓东　光　辉　彭伟哲
装帧设计：范文南　苍晓东
技术编辑：鲁　浪
责任校对：徐丽娟
ISBN 978-7-5314-5677-3
定　　 价：256.00元

邮购部电话：024-83833008
E-mail: lnmscbs@163.com
http://www.lnmscbs.com
图书如有印装质量问题请与出版部联系调换
出版部电话：024-23835227

总目录
CONTENTS
DESIGN AND APPLICATION

自 20 世纪 80 年代以来，随着中国全面推进改革开放，中国的艺术设计也在观念上、功能上与创作水平上发生了深刻的变化，融合了更多的新学科、新概念，并对中国社会经济的发展产生了积极的影响。在全球一体化的背景下，中国的艺术设计正在成为国际艺术设计的一个重要组成部分。

艺术设计的最大特点就是应用性。它是对生活方式的一种创造性的改造，是为了给人类提供一种新的生活的可能。不论是在商业活动中信息传达的应用，还是在日常生活行为方式中的应用，艺术设计就是让人类获得各种更有价值、更有品质的生存形式。它让生活更加简单、舒适、自然、高效率，这是艺术设计的终极目的。艺术设计最终的体现是优秀的产品，这个体现我们从乔布斯和"苹果"的产品中可以完全感受到。"苹果"的设计就改变了现代人的行为方式，乔布斯的设计梦想就是改变世界，他以服务消费者为目的，用颠覆性、开拓性的设计活动来实现这一目标。好的艺术品能触动世界，而好的艺术设计产品能改变世界，两者是不同的。

这套《应用设计》汇集了中国顶尖高校数十位设计精英从现实出发整理出的具有前瞻性的教学研究成果，是开设设计学科院校不可或缺的教学参考书籍。本丛书以"应用设计"命名，旨在强调艺术设计的实用功能，然而，艺术设计乃是一个技术和艺术融通的边缘学科，其艺术内涵和技术方法必然渗透于应用设计的全过程中。因此，丛书的宗旨是将艺术设计的应用性、艺术性、科技性有机地融为一体。本丛书收入 30 种应用设计类图书，从传统的视觉传达设计、建筑设计、园林景观设计、环境空间设计、工业产品设计、服装设计，延展到计算机平面设计、信息设计、创新 VI 设计、手绘 POP 广告设计等现代兴起的艺术设计门类。每种书的内容主要阐述艺术设计方面的基本理论和基本知识，强调艺术设计方法和设计技能的基本训练，着重艺术设计思维能力的培养，介绍国内外艺术设计发展的动态。此外，各书还配有大量的优秀艺术设计案例和图片。我们衷心希望读者通过学习本丛书的内容，能够进一步提高艺术设计的基本素质和创新能力，创作出优秀的设计作品，更好地满足人们在物质上、精神上对于艺术设计的需求，为人类提供适合现代的、更美好的生活环境和生活方式。

Preface

With the deepening of reform and opening up in a comprehensive way since 1980s, Chinese artistic design has also experienced profound changes in ideas, functions and creation. An increasing number of new subjects, new concepts are integrated, which has a positive effect on China's economic and social developments. Under the background of globalization, Chinese artistic design is becoming an important part of the international artistic design.

The most obvious characteristic of artistic design is applicability. It creatively changes the way of life in order to provide a possible new life for human beings. Artistic design aims to make people find more valuable and of high quality forms of survival, whether applied to business activities for information delivery or applied to the way of act in daily life. It can make life simpler, more comfortable, natural and efficient, which is also the ultimate goal of artistic design. The ultimate manifestations of artistic design are excellent products, which we can fully feel from Steve Jobaloney and his "Apple" products. Taking serving consumers as the ultimate goal, Jobs creates subversive and pioneering design activities to achieve his dream—change the world, and accordingly changes the way of act of modern people. It indeed works. A good work of art can touch the world, while a good artistic design product can change the world. That's the difference.

This set of *Design and Application* boasts the forward-looking teaching research results compiled based on the reality by a dozen design elites from top colleges and universities across China. It is an indispensible reference book for teaching for colleges and universities which have set up design disciplines. This series is named as *Application and Design*, targeting at emphasizing the utility function of artistic design. However, artistic design, as a boundary science integrating technology and art, its artistic connotation and technical method definitely permeate into the whole

Preface

process of application design. Therefore, the purpose of this series is to integrate applicability, artistry, and technology into a complete one. This series includes thirty kinds of books relating to application and design, from the traditional visual communication design, architectural design, landscape design, environmental space design, industrial design, costume design to recently developed artistic design categories such as computer graphic design, information design, creation VI design, hand—drawn POP advertisement design. Each of the books mainly elaborates the basic theory and knowledge on artistic design, emphasizes the basic training of design method and technique, focused on the cultivation of thinking ability for artistic design and introduces the development trend of artistic design at home and aboard. In addition, a large number of first—class artistic design cases and pictures are illustrated for each book. We sincerely hope readers, through the study of this series, can further improve their basic quality and innovation ability for artistic design and create excellent design works to meet people's spiritual and material need for artistic design and ultimately provide a more modern and beautiful living environment and lifestyle for human beings.

DESIGN
AND APPLICATION

01

手绘设计——室内马克笔表现

刘　宇　编著

目 录
CONTENTS

前 言
PREFACE

　　手绘设计表达一直是设计师、设计专业的学生学习分析、记录理解、表达创意的重要手段，其重要性体现在设计创意的每一个环节，无论是构思立意、逻辑表达还是方案展示，无一不需要手绘的形式进行展现。对于每一位设计专业的从业者，我们所要培养和训练的是表达自己构思创意与空间理解的能力，是在阅读学习与行走考察中专业记录的能力，是在设计交流中展示设计语言与思变的能力，而这一切能力的养成都需要我们具备能够熟练表达的手绘功底。

　　由于当下计算机技术日益对设计产生重要的作用，对于设计最终完成的效果图表达已经不像过去那样强调手头功夫，但是快速简洁的手绘表现在设计分析、梳理思路、交流想法和收集资料的环节中凸显其重要性，另外在设计专业考研快题、设计公司招聘应试、注册建筑师考试等环节也要求我们具备较好的手绘表达能力。

　　本套丛书的编者都具备丰富的设计经验和较强的手绘表现能力，在国内专业设计大赛中多次获奖，积累了大量优秀的手绘表现作品。整套丛书分为《手绘设计——草图方案表现》《手绘设计——室内马克笔表现》《手绘设计——建筑马克笔表现》《手绘设计——景观马克笔表现》。内容以作品分类的形式编辑，配合步骤图讲解分析、设计案例展示等环节，详细讲解手绘表现各种工具的使用方法、不同风格题材表现的技巧。希望此套丛书的出版能为设计同仁提供一个更为广阔的交流平台，能有更多的设计师和设计专业的学生从中有所受益，更好地提升自己设计表现的综合能力，为未来的设计之路奠定更为扎实的基础。

刘宇

2012年12月于设计工作室

一、室内马克笔、彩色铅笔绘制的基本方法

（一）马克笔的工具特点及表现力

马克笔是近些年较为流行的一种画手绘表现图的新工具，马克笔既可以绘制快速的草图来帮助设计师分析方案，也可以深入细致刻画形成一张表现力极为丰富的效果图。同时也可以结合其他工具，如水彩、透明水色、彩色铅笔、喷笔等工具或与计算机后期处理相结合形成更好的效果。马克笔由于携带与使用简单方便，而且表现力丰富，因此非常适宜进行设计方案的及时快速交流，深受设计师的欢迎，是现代设计师运用广泛的效果图表现工具（图1-1、1-2）。

图1-1

图1-2

1．马克笔的种类

马克笔是英文"MARKER"的音译，意为记号笔。笔头较粗，附着力强，不易涂改，它先是被广告设计者和平面设计者所使用，后来随着其颜色和品种的增加也被广大室内设计者所选用。目前市场较为畅销的品牌如日本的YOKEN、德国的STABILO、美国的PRISMA（图1-3）及韩国的TOUCH（图1-4）等。

图1-3　美国的PRISMA

图1-4　韩国的TOUCH

马克笔按照其颜料不同可分为油性、水性和酒精性三种。油性笔以美国的PRISMA为代表，其特点是色彩鲜艳，纯度较低，色彩容易扩散，灰色系十分丰富，表现力极强。酒精笔以韩国的TOUCH为代表，其特点是粗细两头笔触分明，色彩透明，纯度较高，笔触肯定，干后色彩稳定不易变色。水性笔以德国的STABILO为代表，它是单头扁杆笔，色彩柔和，层次丰富，但反复覆盖色彩容易变得浑浊，同时对绘图纸表面有一定的伤害。进口马克笔颜色种类十分丰富，可以画出需要的、各种复杂的、对比强烈的色彩变化，也可以表现出丰富的、层次递进的灰色系。

2. 马克笔的表现特点

（1）马克笔基本属于干画法处理，颜色附着力强又不易修改，故掌握起来有一定的难度，但是它笔触肯定，视觉效果突出，表现速度快，被职业设计师广泛应用，所以说它是一种较好的快速表现工具（图1-5）。

图1-5　刘宇

（2）马克笔一般配合钢笔线稿图使用，在钢笔透视结构图上进行马克笔着色，需要注意的是马克笔笔触较小，用笔要按各体面、光影需要均匀地排列笔触，否则，笔触容易散乱，结构表现得不准确。根据物体的质感和光影变化上色，最好少用纯度较高的颜色，而用各种复色表现室内的高级灰色调。

（3）很多学生在使用马克笔时笔触僵硬，其主要问题是没有把笔触和形体结构、材质纹理结合起来。我们要表现的室内物体形式多样，质地丰富，在处理时要运用笔触多角度的变化和用笔的轻重缓急来丰富画面关系。同时还要掌握好笔触在瞬间的干湿变化，加强颜色的相互融合（图1-6）。

图1-6　刘宇

图1-7 刘宇

（4）画面高光的提亮是马克笔表现的难点之一，由于马克笔的色彩多为酒精或油质构成，所以普通的白色颜料很难附着，我们可以选用白色油漆笔和白色修正液加以提亮突出画面效果，丰富亮面的层次变化（图1-7）。

（5）马克笔适于表现的纸张十分广泛，如色版纸、普通复印纸、胶版纸、素描纸、水粉纸都可以使用。选用带底色的色纸是比较理想的，首先纸的吸水性、吸油性较好，着色后色彩鲜艳、饱和；其次有底色容易统一画面的色调，层次丰富。也可以选用普通的80～100克的复印纸。

（二）彩色铅笔的工具特点及表现力

彩色铅笔是绘制效果图常用的作画工具之一，它具有使用简单方便、颜色丰富、色彩稳定、表现细腻、容易控制的优点，常常用来画建筑草图，平面、立面的彩色示意图和一些初步的设计方案图。但是，彩色铅笔一般不会用来绘制展示性较强的建筑画和画幅比较大的建筑画。彩色铅笔的不足之处是色彩不够紧密，画面效果不是很浓重，并且不宜大面积涂色。当然，如果能够运用得当的话，彩色铅笔绘制的效果图是别有韵味的。

1. 彩色铅笔的种类

彩色铅笔的品种很多，一般有6色、12色、24色、36色，甚至有72色一盒装的彩色铅笔，我们在使用的过程中必然会遇到如何选择的问题。一般来说，以含蜡较少、质地较细腻、笔触表现松软的彩色铅笔为好，含蜡多的彩色铅笔不易画出鲜丽的色彩，容易"打滑"，而且不能画出丰富的层次。另外，水溶性的彩色铅笔亦是一种很容易控制的色彩表现工具，可以结合水的渲染，画出一些特殊的效果。彩色铅笔不宜用光滑的纸张作画，一般用特种纸、水彩纸等不十分光滑、有一些表面纹理的纸张作画比较好。不同的纸张亦可创造出不同的艺术效果。绘图时可以多做一些小实验，在实际操作过程中积累经验，这样就可以做到随心所欲，得心应手了。尽管彩色铅笔可供选择的余地很大，但在作画过程中，总是免不了要进行混色，以调和出所需的色彩。彩色铅笔的混色主要是靠不同色彩的铅笔叠加而成的，反复叠加可以画出丰富微妙的色彩变化（图1-8、1-9）。

图1-8

图1-9

图1-10 刘宇

2．彩色铅笔的表现特点

彩色铅笔在作画时，使用方法同普通素描铅笔一样易于掌握。彩色铅笔的笔法从容、独特，可利用颜色叠加，产生丰富的色彩变化，具有较强的艺术表现力和感染力。

彩色铅笔有两种表现形式：

一种是在针管笔墨线稿的基础上，直接用彩色铅笔上色，着色的规律由浅渐深，用笔要有轻重缓急的变化；另一种是与以水为溶剂的颜料相结合，利用它的覆盖特性，在已渲染的底稿上对所要表现的内容进行更加深入、细致的刻画。由于彩色铅笔运

图1-11　刘宇

图1-12 刘宇

用简便，表现快捷，也可作为色彩草图的首选工具。彩色铅笔
是和马克笔相配合使用的工具之一，彩色铅笔主要用来刻画一
些质地粗糙的物体（如岩石、木板、地毯等），它可以弥补马
克笔笔触单一的缺陷，也可以很好地衔接马克笔笔触之间的空
白，起到丰富画面的作用（图1-10、1-11、1-12）。

二、室内空间单色表现技法分析

图2-1 夏嵩

图2-2 夏嵩

图2-3　夏嵩

三、室内家具组合表现技法分析

图3-1　许韵彤

图3-2　许韵彤

图3-3　许韵彤

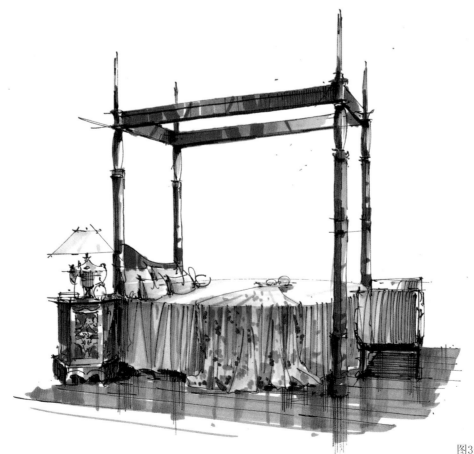

图3-4　张宏明

图3-5 张宏明

图3-6 张宏明

图3-7　张宏明

图3-8　刘宇

图3-9 金毅

图3-10 刘宇

图3-11　刘宇

图3-12 刘宇

四、室内空间步骤图表现技法图解

（一）室内空间步骤图表现技法图解1

步骤一：根据我们所选图片，分析此场景为典型的酒店套房空间。色调偏黄色，色调高雅，有很强的设计代表性，可为广大手绘学习爱好者提供参考。首先选用0.3、0.5、0.7的红环勾线笔，将空间的大体轮廓勾出，应注意结构大胆表现，线条粗犷流畅，不要拘泥于细节的刻画，注重大的空间关系，画面要体现设计方案的构思重点。

室内空间步骤图表现技法图解1——实景照片

室内空间步骤图表现技法图解4-1

步骤二：在经过线稿的绘制之后，我们开始对此图进行色彩的渲染。该场景的特点是整体色调呈暖黄色，颜色的色阶较短，需要通过彩色铅笔和马克笔的结合达到充分表现。因此初步选取棕色与黄色的彩色铅笔将画面场景通涂一遍。注意草图应处理整体，不要过于拘泥于细部，体现彩色铅笔柔和渐变的优势。同时使用蓝色彩色铅笔将室外的背景色涂重，强调室内与室外的冷暖对比。

室内空间步骤图表现技法图解4-2

步骤三：此阶段开始使用WG3、WG2、WG5、WG7等暖色系马克笔进行色彩的融合，笔触应干净利落，表现人的体块关系，增强画面的对比度。背景色彩的融合用笔应快速，不要拖泥带水。窗外背景楼群的处理应虚化，从而拉大空间主次关系，天花的表现可留些白，体现画面的主次关系。

室内空间步骤图表现技法图解4-3

步骤四：全面深入画面层次关系，并进行画面最后的调整。注意室内人造灯光的光影变化，背光的阴影应厚重多变，受光的部分可明亮些。同时要敢于加深主体家具的暗部层次，增强色阶上层次对比度。此时马克笔的用笔应该更整体些，保持画面整体氛围不被破坏。投影的部分应更重一些，从而使画面更加稳重。

室内空间步骤图表现技法图解4-4

（二）室内空间步骤图表现技法图解2

步骤一：该场景空间高大，层次多变，有很强的设计感。红紫色的高背椅为该空间亮点。考虑此空间的景深深远，首先选用0.3、0.5、0.7的红环勾线笔将空间中大的结构关系画出来，笔触应粗犷，同时再用较细腻的晨光草图笔丰富画面层次。注意线与线排列的秩序感，前景的高背椅应严谨对待，线条的表现应充分到位。

室内空间步骤图表现技法图解2——实景照片

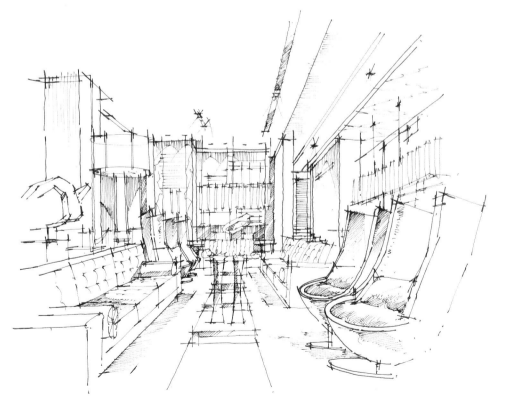

室内空间步骤图表现技法图解4-5

步骤二：首先选用WG2、CG5等冷暖色系将背景墙涂重，同时WG1采用排笔的方式表现天花的固有色。笔触应整齐严密，持笔要放松，方可自然通透。天花灯光的选择可多用一些暖色的彩色铅笔。墙面的塑造应以块面为宜。

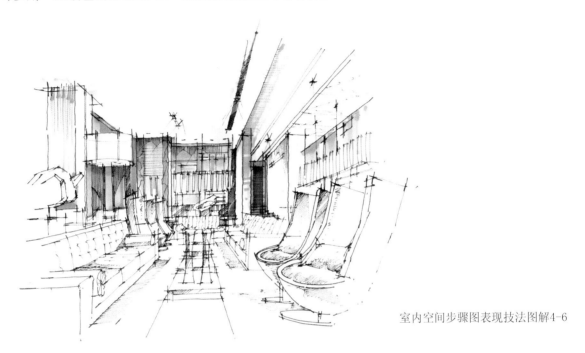

室内空间步骤图表现技法图解4-6

步骤三：对画面进行综合绘制，色彩上强调前景的高背椅，而远处的沙发与两边墙面的色彩应进行虚化，并对红紫色高背椅的明度色阶用马克笔进行强化，从而体现主次层次。

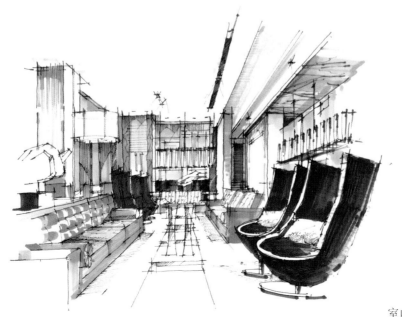

室内空间步骤图表现技法图解4-7

步骤四：全面深化画面的层次，着重刻画紫色高背椅，该椅对整体画面有点睛的作用。在调整整体空间关系之后，应注意前后椅子之间的虚实关系，处理后面的椅子时色彩饱和度应低些，而前景的椅子色彩饱和度可以略微提高一些。同时整体画面的色彩倾向应以灰色为主，在一些地方适当用一些艳丽的颜色可提高画面的品位。

室内空间步骤图表现技法图解4-8

（三）室内空间步骤图表现技法图解3

步骤一：室内空间中起居室占有重要的地位，本场景采用现代设计的元素进行诠释。我们首先用一点透视的方式对空间的透视角度进行调整，使空间的视域变大。用传统尺规作图的表现形式进行绘制。直线肯定、明确，调子应排列细腻，材质纹理的表达都应虚实相见。美国马克笔颜色真实，柔和且透明，可以与韩国Mycolor酒精笔搭配使用。首先用冷灰的颜色将背景的色彩涂重，并顺势用底色处理天花。采用扫笔的技法将电视墙与沙发背后的木色屏风涂上中间色。

室内空间步骤图表现技法图4-9

步骤二：加强画面背景的色彩关系。底景的颜色可更重些以衬托木色屏风。用多变的色彩关系丰富屏风受光后的色彩渐变，用彩色铅笔渲染顶棚的光源。

室内空间步骤图表现技法图4-10

步骤三：综合表现沙发的明暗色阶。要求在分清大体关系的前提下，注重人造光源对于家具本身的影响，以使中间的空间更加具有氛围。同时用点笔的方法虚化背景植物，注意与玻璃幕墙结合后的色彩倾向。

室内空间步骤图表现技法图4-11

步骤四：深入完成图面，着重刻画电视背景墙与地面的冷暖对比。用偏蓝的灰色塑造墙面，注意墙体从上到下受光的退晕变化。最后用马克笔有渐变地将地面的色彩涂重。绘制时强调马克笔笔触的效果。

室内空间步骤图表现技法图4-12

（四）室内空间步骤图表现技法图解4

步骤一：酒店的公共休闲空间是体现酒店设计特点的一个区域。线条塑造得是否流畅，空间尺度感是否能够表达恰如其分，是该场景表现的难点与重点。因此采用线面结合的方式，以线为主。首先选用0.3、0.5、0.7的红环勾线笔绘制场景的大体结构与轮廓，细部微小部分则结合晨光草图笔丰富画面层次。注意旋转楼梯用线时曲线流畅的表达，以及前后沙发的用线应该有所取舍。

室内空间步骤图表现技法图4——实景照片

室内空间步骤图表现技法图4-13

步骤二：统一采用以马克笔为主、彩色铅笔为辅的表现方式，着重表现空间浓重的氛围，选用冷灰、暖灰等重色的马克笔，将空间的背景与天花着色。注意笔触叠加的层次与美感，以及靠近画面边处笔触的收束与排列。

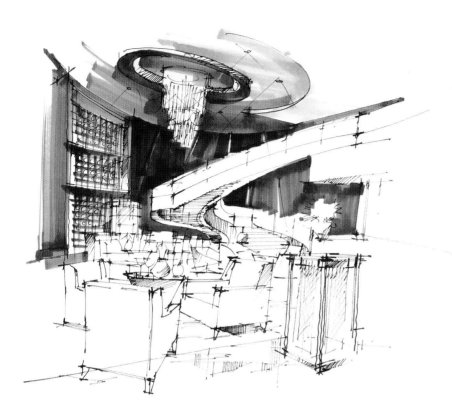

室内空间步骤图表现技法图4-14

步骤三：整体渲染全图画面，刻画地面的层次色阶，着重体现空间冷暖关系以及材料的质感，同时注重空间营造的深远之感，从而使前后关系得到恰如其分的表达。

室内空间步骤图表现技法图4-15

步骤四：综合调整全图画面，应将后面的背景处理更厚重些，笔触应更整齐利落。而前面的休闲区域可更明亮，色阶清新与后面的背景形成鲜明对比，拉大空间的层次关系。

室内空间步骤图表现技法图4-16

（五）室内空间步骤图表现技法图解5

步骤一：本场景的色调整体偏暖，如何将各种暖色分列开来，是我们进行表现的难点。由于空间的复杂性，使我们在绘制线稿时应多注意线条的取舍。有目的地将重点放在中心沙发围合的领域。

室内空间步骤图表现技法图5——实景照片

室内空间步骤图表现技法图4-17

步骤二：中间棕色门口在此场景中起着承前启后的作用。既可成为背景的图框，也可作为墙体承托前景沙发。因此首先用咖啡色的马克笔将中间门口着色，应注意笔触的收放，不要太实，可放松些，将天花的底色涂重。

室内空间步骤图表现技法图4-18

步骤三：全面深入画面。此阶段应多用一些暖灰色并结合咖啡色的马克笔，初步将画面中心的沙发组群着色，注意画面整体色调的把控，应在统一的基调中逐渐加强画面对比。

室内空间步骤图表现技法图4-19

步骤四：综合调整画面色阶，完成此图。用重色的彩色铅笔与马克笔结合的方式加大画面的对比度。对于重的颜色应敢于描绘，同时不要忽略物体材质的表现。保持画面的灯光亮度，并在一些细小的地方用一些艳丽的颜色，以丰富空间的层次变化。

室内空间步骤图表现技法图4-20

（六）室内空间步骤图表现技法图解6

步骤一：餐饮空间是家装设计中必不可少的一个区域，此图选用新古典主义的设计风格，可临以摹本为广大学员备以参考。线稿的绘制仍采用徒手表现的形式，线条应肯定有力，结构应明晰。注意线条组合的疏密，有些地方可留白，以形成较强的空间感。

室内空间步骤图表现技法图4-21

步骤二：从画面的底景开始着色，用偏灰的绿色马克笔将背景的窗户与户外的植物涂重。注意底部灰色与上部灰色不同的深浅变化。窗帘则采用咖啡色偏红的马克笔加以表现，与背景形成对比的同时体现古典气氛。由于此空间的原景照片整体倾向于灰色，各物体之间很难加以区分，因此在主观上我们运用棕红色来表现古典主义家具中的色彩，对餐椅进行初步渲染。注意彩色铅笔应细腻些，强调从上到下的渐进变化。

室内空间步骤图表现技法图4-22

步骤三：虚化处理以壁炉为中心的起居空间，使其推到画面的后面，并用冷灰色的CG6、CG7对地面拼花进行上色。注意不同层次的明暗变化。

室内空间步骤图表现技法图4-23

步骤四：调整画面色阶对比，加重家具的阴影层次。用咖啡色和黄色的彩色铅笔，采用渐变的手法对天花的顶部进行上色。彩色铅笔用笔应放松，明暗对比度不要太强烈。

室内空间步骤图表现技法图4-24

（七）室内空间步骤图表现技法图解7

步骤一：该图采用传统的明式家具配以玻璃幕墙与毛石等现代材料达到一种新中式的客厅设计。绘制线稿时除考虑空间大体的结构外，还要注意此设计中明式家具优美曲线的刻画。用笔应肯定有力。而对一些后面背景的石材纹理可用一些虚笔加以处理，以做到虚实的结合。

室内空间步骤图表现技法图4-25

步骤二：用暖色的马克笔大笔触高度概括背景的玻璃幕墙以及毛石墙面的材质效果，充分体现画面的现代元素。同时用咖啡色的马克笔加以强调明式家具的结构与曲线，充分体现设计风格的古典与厚重。注意马克笔宽头与细头的结合使用，用笔的笔触可灵活多变些。

室内空间步骤图表现技法图4-26

步骤三：完善画面各部分的颜色。刻画中心组合家具沙发的明暗对比关系，使其更具有领域感。地毯的选择则采用马克笔与彩色铅笔的结合。地面瓷砖的颜色选用CG6、CG7等冷灰色的马克笔，以求与整体画面暖色调形成对比，既表现了地面的质感，也使得画面拥有厚重稳定的效果。

室内空间步骤图表现技法图4-27

步骤四：调整全图关系，放松顶部空间，抓住中部空间组合，加强前后明暗之间的对比度以及冷暖的色调关系。最后用点笔的方式塑造地毯，活跃画面气氛。

室内空间步骤图表现技法图4-28

五、室内空间色彩表现图例

图5-1　张宏明

图5-2　张宏明

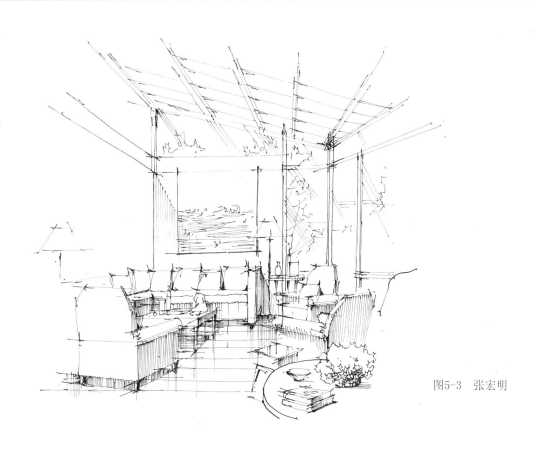

图5-3 张宏明

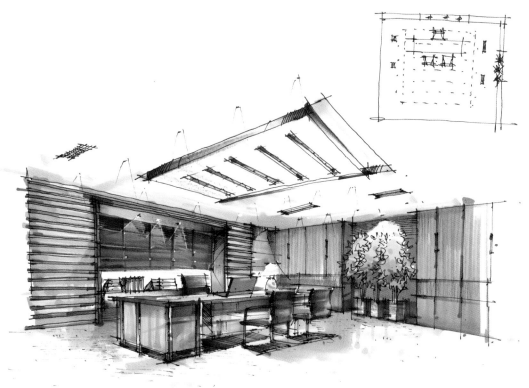

图5-4 张宏明

图5-5 张宏明

图5-6 张宏明

图5-7　张宏明

图5-8　张宏明

图5-9 张宏明

图5-10　刘宇

图5-11　周亚丽

图5-12　周亚丽

图5-13　金毅

图5-14　金毅

图5-15　张权

图5-16 李磊

图5-17 李磊

图5-18　刘永喆

图5-19　张焕然

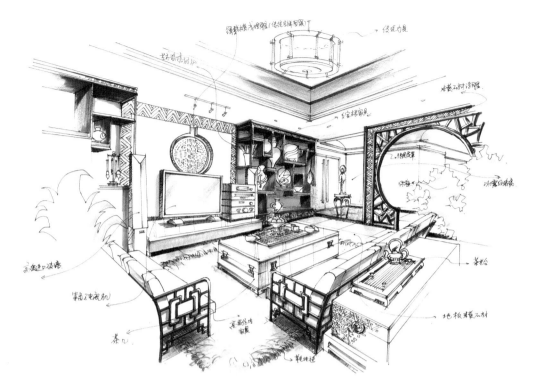

图5-20　田源

图5-21　赵杰

图5-22　赵杰

图5-23　张权

图5-24 张权

图5-25 许韵彤

图5-26 刘宇

图5-27　张权

图5-28　刘宇

图5-29　刘宇

图5-30 刘宇

图5-31 刘宇

图5-32　刘宇

图5-33 刘宇

图5-34　刘卉铭

图5-35　李磊

图5-36　李磊

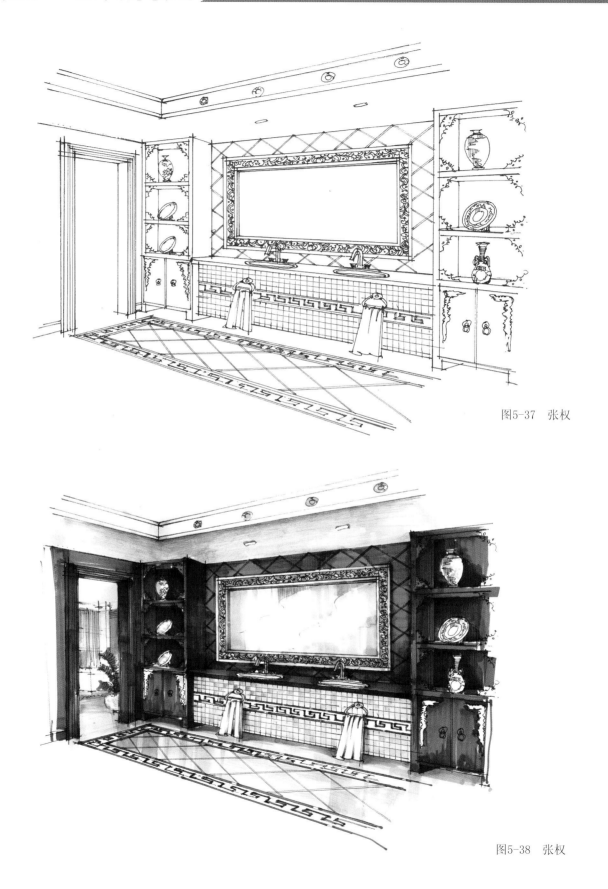

图5-37 张权

图5-38 张权

图5-39 张权

图5-40 张权

图5-41 刘宇

图5-42 刘宇

图5-43 郭丹丹

图5-44 金毅

图5-45 金毅

图5-46 张权

图5-47 张权

图5-48 金毅

图5-49 许韵彤

图5-50　田永茂

图5-51　张权

图5-52　周亚丽

图5-53　刘宇

DESIGN
AND APPLICATION

02

建筑设计手绘效果图

金 毅 等 编著

第一章　手绘工具的种类与特点

第一章　手绘工具的种类与特点

第一节　手绘草图的意义及其特点

一、手绘草图的意义

设计草图是设计过程中不可或缺的步骤，它使我们的思维变得更加灵活，创意层出不穷，所以设计草图是将我们的抽象思维转化成具象图形语言的主要手段。随着建筑技术的不断发展与完善，如今的建筑设计领域已经变成了建筑理念的战场，而建筑草图在其中则起着记录思想过程、表达空间形式与艺术造型、传承建筑文化的重要作用。

很多设计师们喜欢把草图画得十分逼真，往往用上几个小时来完成一张草图。其实这样的结果往往会适得其反。一根根具象的线条会像一条条的锁链，使你原本活跃的思维变得越来越僵硬，甚至喘不过气来。所以对于设计草图而言，它的灵魂在于思维的起伏，而不是线条的好与坏。

国外的著名建筑师都十分注重这一阶段，因为在这一过程中思维最为活跃。虽然不能立即看到设计结果，但它为设计指引了方向；哪怕图形不够详尽具体，意图却早已跃然脑海。

著名的建筑大师安藤忠雄对草图是这样理解的：

我一直相信用手来绘制草图是有意义的。

草图是建筑师就一座还未建成的建筑与自我或他人交流的一种方式。建筑师不知疲倦地将想法变成草图，然后又从图中得到启示；通过一遍遍不断地重复这个过程，建筑师推敲自己的构思。他的内心斗争和"手的痕迹"赋予草图以生命力。

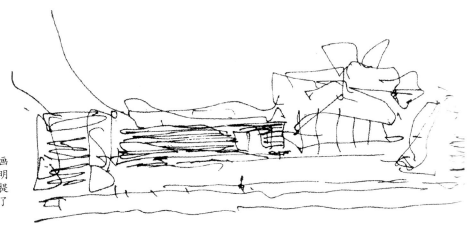

古根海姆艺术馆草图没有细致的画面效果，仅用几根简单的线条，明确地交代出作者的设计意图。在提供给作者设计雏形的同时也留下了大量的想象空间。

在国外，像安藤忠雄这样注重手绘草图的大师不胜枚举，正是由于这些由灵感而发的草图才使得他们的建筑具有非凡的生命力。

国外设计界运用草图进行设计的方式十分普遍，草图大致可以分为两大类，一是记录性草图；二是设计草图。

记录性草图就是我们俗称的设计笔记，设计师们是时尚的前沿战士，拥有敏锐的时尚嗅觉，可以提前判断时尚元素流行的发展趋势，并因此而引导时尚的流行方向。无论是建筑还是景观的设计师们都会运用自己擅长和喜欢的元素来进行风格上的再设计，而这些元素和设计手法是要靠平时一点一滴的积累，设计笔记正是这样的一种既方便而又快捷的图形笔记，无论是我们的灵感设计还是别人好的设计方案，我们随时随地地将其记录并以图画的形式加以诠释，日后随时翻看，随时分析，久而久之，头脑中的元素、空间形式、形体造型会变得十分丰富。方案也会越做越完善，越做越有深度。这就是记录性草图的重要性。

设计草图。设计师在进行整体条件分析之后会有一个大致的方案分析阶段，这一阶段方案方向是模糊的，或者说只有一个大致的方向，并没有设计细节。也正是因为这个原因使得设计方案可以不断深入、不断推敲下去。一般在高校之中我们都会经历一个方案由一草演变到二草，再由二草推至三草等。而在我们日常的设计工作当中也会是如此，正是因为草图的不确定性，所以使得我们的方案有了变得越来越精彩的可能性。也就是说只要条件允许，方案可以一直改下去，草图也会一直伴随着推演下去。

二、设计草图的特点

设计草图具有快捷性、概括性、代表性等特点。

快捷性：草图的优势首先显现在它的快捷性上，即能够快速准确地表达出头脑中的设计灵感。有了这样的灵感雏形，我们便可以紧紧地抓住它并将它不断地深化、演变下去，最终成为完整的设计方案。

画一张效果图往往需要一两个小时甚至是几个小时，而设计草图则可以在短短的几分钟之内表达清楚我们的设计意图。草图不一定要都以线为主，我们可以采用线线组合，也可以采用线面组合，总之，能表达清楚的手法我们都可以运用。相比较之下要比电脑建模渲染更加方便快捷而且直观。

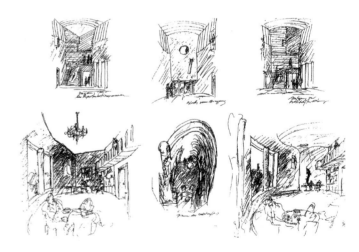

汉斯霍莱因的奥地利使馆设计草图。准确地描绘出头脑风暴的意念图。

概括性：概括的形体与线条使得草图更加的自由，这也就是我们常说的草图的偶然性。这种不确定的偶然性给我们带来了无限的想象空间。尽管这种灵感是偶然的，但决定这种偶然性的扎实的设计基本功则是必然的。所以概括的草图当中蕴涵着偶然与必然的哲学辩证关系。

手绘草图的意义及其特点

概括的笔法需要我们经历去粗取精、化繁为简的阶段，很多不是非常重要或者毫无特点的内容我们可以大胆省略，时刻注意强调主体，舍弃客体，但这里的舍弃不是说完全不画，至少在心里要清楚这里的结构和形态是什么。不要到最后才发现这里还有一部分没有设计。在运用线条时，分清线条的虚实关系。主体部分的线条用笔可以肯定大气一些，而辅助部分则可以运用一些细碎的线条简单地交代一下。

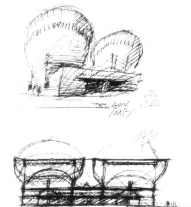

代表性：很多设计师在施工现场面对客户经常手足无措，因为无法将自己的设计灵感直观地告知客户，这就给现场施工带来了很大的麻烦，也浪费了时间和资金。如果通过设计草图则简单实在得多，我们可以选取一处较有代表性的设计区域，将这一区域展现在客户面前，尽管没有电脑效果图那样真实，但却给客户以直观明了的说明，也较容易赢得甲方的信任。

草图与设计有着千丝万缕的联系，没有草图的推演变化，最终的效果图也将是空虚乏味的。所以作为今天的设计师，虽然身处在电脑制图的时代，我们应该仍然一如既往地注重草图的意义，并运用它让设计在我们的笔尖不断地变得完美。

马里奥博塔的设计草图。简单的铅笔线条已经表明了其设计作品的建筑结构。

建筑鬼才高迪的手绘草图。高度概括的手法表现出了教堂的神圣气质，笔法变换不多，但却将我们引入了设计的殿堂。

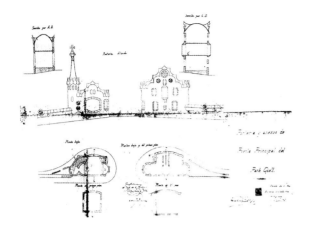

记录与分析是草图永恒的魅力。

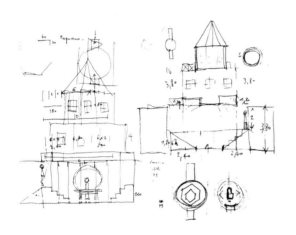

设计笔记是我们学习设计中一个良好的习惯，无论是造型，空间或者理念，我们都可以随手将其记录下来，以便以后使用。

伟大的建筑师库哈斯的设计草稿。内部空间结构清晰地展现在我们眼前，光影变化的分析，人物比例都表现得淋漓尽致。在草图阶段，画面不一定需要多么的精致。

高迪的设计草图不仅仅向我们展示出他的设计思维，同样告诉我们这里每一张草图都是渗透着艺术气息的绘画艺术作品。

准确的比例，严谨的结构，在我们当代的建筑学教学中，似乎早已销声匿迹了，电脑时代的来临加快了建筑设计的速度，却使人们的思想变得越来越麻烦。

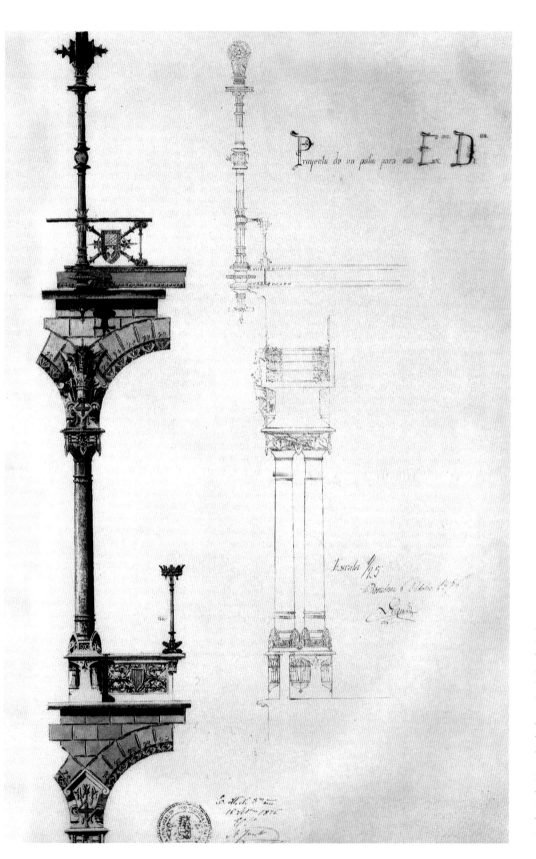

安东尼·高迪，这位来自于西班牙的世界级建筑鬼才，在他的一生中为我们留下了太多的经典，米拉公寓、圣家族大教堂，这些耳熟能详的经典制作开拓了我们的视野。这张图是高迪用他细致的写实手法向我们展示了一个拥有深厚艺术修养的建筑师的作品会多么的富有激情与想象力。

手绘草图的意义及其特点
各种绘图工具及其特点

- 马克笔和麦克笔

方案生成期间要进行多角度、多空间的换位思考,尽量将每一个角度都能思考一遍,并用简单的线条记录下这些宝贵的灵感,阿尔多罗西的草图向我们展示了他缜密的设计思维。

第二节　各种绘图工具及其特点

一、马克笔和麦克笔

马克笔和麦克笔的英文是marker，意思是记号。早期应用于建筑工人、木匠以及码头的集装箱做标记使用，但是在早期，马克笔并不是麦克笔。

在进军中国市场时，马克笔只有水性这一种类型，没有油性的，所以早期把水性的笔称之为马克笔。后来有油性画笔引进中国，人们为了区别两者之间的不同，所以将其称之为麦克笔。不过到了今天，很多厂家既生产油性画笔又生产水性画笔，所以在今天两者已经混为一谈，没有什么区别了。

马克笔

分为油性和水性两种，早期在日本和美国的设计师最先使用的是水性马克笔。在国外，因为正版软件价格不菲，所以设计院校非常重视学生的手绘基本功。

马克笔之所以画出来就干掉是因为它的颜料里含有酒精和二甲苯，颜料涂抹在画纸上与空气接触以后，会立即挥发掉，这样画面不容易变脏，而且同一笔触可以多次进行颜色叠加。

马克笔是一种高效率的绘图工具，使用方法简单，不需要像水粉一样调配颜色，同时便于携带。难能可贵的是只要不在阳光下暴晒，马克笔的颜色基本不变。所以它早已成为新时代设计师的新宠和手中的利器。

马克笔的缺点在于：一是不可更改性，作马克笔效果图如果画坏了，那么就没有办法修改了，因为它具有一定的透明性；二是在快速表现中，材质表现不是很逼真；三是笔压较难控制，经常会在画面中出现不和谐的笔触。

很多人总问怎样挑选马克笔。其实只要注意以下几点就很容易分辨马克笔的优劣了。第一，看，一般优质马克笔的笔头切面会很整齐，不会有毛刺或者倒刺。第二，闻，如果马克笔散发着酒精味道就是优质的马克笔；如果是异味，闻了以后会恶心头晕，或者气味难闻（与好的马克笔的味道相比不好闻），那就不是优质的了。

马克笔有单头和双头之分，能迅速地表达效果，是当前最主要的绘图工具之一。笔者常用的是韩国的Touch、My color和美国的三福霹雳马 。

Touch的油性（也称酒精）马克笔色系较全，因为其笔头是方形，所以笔触容易控制，同时笔头的硬度较强，韧性适中，出水流畅。最重要的是每支的价位在6~7元，性价比较高，尤其适合初学者应用。

My color产自于韩国，颜色与Touch很相近，笔号也基本相同。但是其色彩的纯度要高于Touch，也就是我们通常讲的颜色较为艳丽。

各种绘图工具及其特点

- 马克笔和麦克笔
- 彩色铅笔

Touch双头马克笔

三福马克笔颜色较
柔和

AD马克笔

三福油性马克笔产自美国，双头，其笔头设计比较独特，与Touch马克笔的方形相比，笔头是圆的。色彩自然柔和，适合美术功底较好，或者有一定的手绘经验的设计师使用，效果比Touch要好很多。价位上属中档马克笔，一支8～10元。

AD马克笔同样产自于美国，价位较高，每支价位在20～25元。色彩近似于绘画中的颜料，可以画出水彩的效果。由于其价位较高，所以不建议大家选购这个品牌。

日本美辉水性马克笔是老牌子的马克笔。最初用于工业设计，现在仍以其独特的颜色和笔触活跃在设计市场上。灰杆儿，笔头较细，但笔触过于张扬，如果使用不当会使画面变得凌乱，每支价位6～7元。

潘通，PANTONE色卡是享誉世界的色彩权威，总部位于美国新泽西州卡尔士达特市（Carlstadt，NJ）。以研究色彩闻名全球，但因其技术与质量均属一流，所以每支马克笔的价钱更是不菲。

日本copic，久负盛名的马克笔厂家，每支在50元左右，可谓马克笔家族中较贵的一种了。笔头由合成树纤维制作而成，出水流畅，色泽饱满。酒精溶剂经过特殊处理，不会溶解复印纸的油墨，笔触干净利落，色彩柔和。

国产才德，国产品牌中较好的一种，外形与美国霹雳马颇为相似，笔头为方头，售价在6～7元。

作者：贾晓静

作者：贾晓静

二、彩色铅笔

    彩色铅笔作为手绘工具的一种，现在已经是设计师们不可缺少的工具之一。这种工具可以画出铅笔一样的笔触，笔触粗细较容易控制，色彩多样，容易掌握。既可画出淡雅的画面效果，也可画出如油画般沉稳的效果，而且易于修改。由于是经过挑选的，具有很好的透明度和色彩度，适合于大部分的纸张用品，笔芯不易折断，深受广大设计师，尤其是景观园林设计师的喜爱。

（一）彩色铅笔的分类

    彩色铅笔有两种类型：可溶性和不可溶性两种。不可溶性彩色铅笔可分为干性和油性。

    可溶性彩色铅笔又叫水彩色铅笔，具有不可溶解性。彩色铅笔的优点同时又弥补了它的不足，遇水之后，可以画出水彩的效果。尤其和马克笔搭配使用，可以弥补马克笔笔触过硬的缺点。主要用于马克笔的过渡面处理。经过马克笔的湿画法处理以后，既有马克笔的整体感，又不失水彩本身诗意绚丽的色彩。

    水溶性彩色铅笔融合了彩色铅笔与水彩的特点，既能做出丰富的铅笔笔触，同时也能拥有水彩一般的绚丽梦幻色彩。非水溶性彩色铅笔没有办法与水融合，而在马克笔酒精成分的作用下，也可以达到水彩与马克笔相结合的效果，既有马克笔的硬朗利落笔触，也有水彩画般丰富的颜色。所以，一张好的马克笔效果图表现中至少

作者：张权

作者：张权

要有一种或两种工具的互相配合。如果需要水来调色，那么对纸的要求就高一些，一般我们会选择激光彩色打印纸、120g或者是100g的A3复印纸。

辉柏嘉、马克这两个品牌是我们常用的品牌。其中马克属于中德合资，两个厂家都是世界上比较大的制造商。两者都有不同包装，目前市场上常见的是红色纸盒包装和铁盒包装。

马克的笔芯要比辉柏嘉要软很多，所以笔触以面为主。辉柏嘉的色彩会更柔和，两者都深受广大设计师喜欢，一般我们用36色的马克笔就可以了。另外，施德楼也是德国的一个重要品牌，是最早的生产商。它的水溶彩色铅笔也是非常受广大设计师欢迎的。

（二）水溶性彩色铅笔与普通和油性彩色铅笔的差别

水溶性彩色铅笔

属于彩色铅笔中的一种，绘画中比较常用的绘画工具，用"水溶性彩色铅笔"画好后，使用"水和毛笔"着色后可产生富于变化的色彩效果，颜色可混合使用，产生像水彩一样绚丽的丰富效果。它的优点是比绘画中最难画的"水彩画"要容易掌握，一般只要是表面粗糙的画纸就非常适合水溶性彩色铅笔。

水溶性的彩色铅笔颜色很清透，附着力比较强，笔力深浅很好控制，可以画得很浓也可以很淡，用毛笔蘸水就可以晕开，做成类似于水彩画的效果。当然，这样出来的效果远不如水彩画。

普通彩色铅笔

不具有着色后可产生富于变化的色彩效果，也不可和颜色混合使用产生像水彩一样的效果。

油性彩色铅笔

油性的彩铅画出来的笔触是有光泽的，但不容易附着在纸上，容易褪掉，放置后会越来越浅，并且笔触不如水溶性彩铅涂的颜色深。

各种绘图工具及其特点

- 勾线笔
- 速写钢笔

三、勾线笔

针管笔，设计师作图所用勾线笔的一种，是设计专业必备的作图工具之一。因为针管笔可以画出宽度相等的线条，准确度高，所以深受广大设计师的喜爱。

建筑设计早期，画图常用的工具就是针管笔，当代的建筑设计大师，彭一刚先生、齐康大师，早期都用针管笔画图并且获得了巨大的成就。尤其是彭一刚先生的针管笔作品，其线条细腻均匀、视觉进深感强、材质表现得十分逼真到位。

现如今，使用勾线笔排线依然是很多高等院校建筑学的必修课，虽然效率不是很高，但是对于建筑空间和形体的锻炼是十分有效的。

针管笔线条的粗细是由管径决定的，管径越大线条越粗，反之就会越细。

市场上的针管笔型号较多，我们不需要都买，常用型号有0.1mm、0.18mm、0.2mm、0.3mm、0.5mm。

作者：杨海玉

运笔要点：

(1)使用针管笔绘图时，应尽量保持笔与纸面之间的夹角不变，这样可使线条流畅均匀。

(2)在正常握笔姿势下，使用针管笔绘图的方向一般是由上而下，由左至右，切不可倒行用笔，否则会对笔尖造成很大的损害。久而久之，笔尖磨损过大，会造成针管笔无法使用。

（3）绘制建筑效果图时，应该经常更换不同管径的针管笔绘制效果图，这样画出的线条会变得丰富，画面看起来更加富有变化与节奏感。

（4）适当地借助尺规可以增强画面的整体效果。

评定一张图好与坏不是看它是否都是用徒手的线条来表达的。很多同学都会有一种误解，认为尺规作图毫无技巧性而言。其实这种想法是不正确的。评定一张图的好与坏的标准不在于是否用尺，而是在于是否恰当地用尺。很多线条是徒手无法表达的。

作者：刘腾

四、速写钢笔

速写钢笔也称为弯头钢笔、美工笔，是现代设计师与画家常用的绘图表达工具。它对于培养设计师的概括能力和手、脑、眼的配合都会起到巨大的作用，同时对于设计师审美能力的提高以及创意思维的表达也是十分重要的。

选择速写钢笔的时候一定要选取有一定韧性和弹性的钢笔尖，同时笔尖无论正反使用都会正常均匀地下水，能够随意地画出流畅的线条。因为速写钢笔的独特设计，使得线条变化多端，粗细软硬控制自如。通常使用的颜料为碳素墨水，由于碳素墨水为黑色，所以画面会变得黑白明显，具有很强的画面冲击力。当然每次用完速写钢笔以后要及时清洗，同时把笔帽盖

作者：吴建中

各种绘图工具及其特点

- 速写钢笔
- 铅笔炭笔

严，否则，时间长了笔尖上干了，墨水留下的颗粒会把笔堵住，从而影响使用。

运笔特点：钢笔速写主要是运用线条变化来组成一张画面生动绚丽的手绘图。线的运用是我们在这一项训练中最重要的。在平时练习时，不仅要注意线的虚实变化，还要注意线条与线条的关系、线条与画面留白之间的关系。因为速写钢笔无法修改，下笔之前要做到心中有数，意在笔先，做到眼准、心准、手准。

关于绘画的顺序问题。很多初学者都会问我这样一个问题：我们在画钢笔速写的时候到底应该先画什么。其实先画什么不是最重要的，重要的是你想要画什么?不论整体起稿也好还是局部起稿也好，都要在"斟酌"二字上下工夫，手画到此

时，眼睛已到彼处。绘制时，要注意画面的整体性与建筑透视之间的关系。允许建筑有一定的夸张，只要画出你心中的景象就可以了。很多人绘画的画面与现实场景有些不吻合，但是画面效果却很好，因为他在画面上一定程度地提高了整体的美感。

用钢笔速写时要善于思考什么样的建筑结构适合用什么样的笔触。线的虚实、快慢、软硬等变化要随着画面不同的景物而变化。比如某些植物的刻画就要用柔软的线条绘制，而一些建筑物的线条就要坚硬挺拔，这样的画面节奏感强会有很强的艺术感染力。最终做到点、线、面的取舍与结合，不要面面俱到，做到大舍大取，从而运用高度精练概括的线条将场景完美地表达出来。只有这样才能随心所欲，下笔有神。

作者：张晋

五、铅笔炭笔

　　作为最早期的绘画工具，铅笔炭笔为设计师与艺术家的灵感表达做出了巨大的贡献。由于其自身的特点，铅笔炭笔草图在设计的初期绘制时往往表达得不是很准确，但它确实起到了记录、推理、演变等作用。很多著名的建筑大师经常会用铅笔画一些初期的草图符号。那些著名的建筑正是由于这样一个个经典的图形符号逐渐蜕变演化而来的。

　　铅笔的型号有很多种，总的来说分为H和B两种。H代表硬铅，B代表软铅。一般用起草图时，笔者喜欢用8B的铅笔或者12B的铅笔。当然初学者也可以选择4B或者2B。

　　运笔特点：铅笔最大的好处就是可以随时修改，边改边画。由于这个特点，所以它深受广大师生的喜爱。起稿时下笔要尽量轻一点，做到透视准

作者：张豪

作者：金乔木

各种绘图工具及其特点

铅笔炭笔

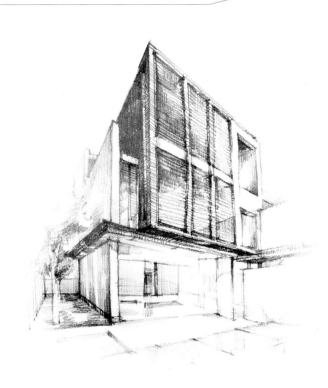

作者：胡腾蛟

确，形体大致能看清楚就可以了。然后开始有建筑主体，并开始绘制，同时兼顾建筑主体周围的环境。整个绘画过程要在统一协调的步骤下进行，无论画到什么样的程度，只要笔停下来，这张图就应该是一张黑白灰分明、透视准确的效果图。绘制时，时刻注意画面的线条变化，亮部的轮廓线我们可以画得轻一些，个别地方线断了也不要紧，线断意连就可以了。转折出的线条可以重一些，这样建筑整个形体就会形成虚实的素描关系。远处物体的线条同样只需要轻描淡写一笔带过就可以了。

调子不要上得过多。紧抓明暗交界线的明暗变化就好，越处在暗处的结构我们越应该交代清楚。不能因为其在阴影里，我们就把阴影画的漆黑一片。仔细想想，其实在现实生活中，大多数的影子也都是透明的，我们是可以看到影子中的物体的。

作者：潘晓蕾　古典别墅线稿
点评：作者的炭笔手法运用自然、线条硬朗、结构明确，空间层次交代的恰到好处。画面松紧虚实的节奏把握得也十分准确，但乔木的树叶造型表现的过于生硬，应多加练习。

第三节 作品赏析

作者：金乔木 博物馆方案设计

作者：金乔木 博物馆方案设计

点评：该设计造型严谨，形体穿插较为巧妙，同时在表现上使用水溶性彩色铅笔进行描绘，近景的建筑表现十分结实细致，而远景的环境运用水彩的处理手法变得十分虚幻，虚实有度，松紧得当。

作者：许新月　高层线稿

作者：许新月　高层线稿

作者：郭栋　古典建筑线稿

作者：李扬　青岛花石楼写生
点评：青岛花石楼是蒋介石的私人花园，环境优美，作者能在闲暇时快速勾画
出这栋海边住宅，可见平时的写生一定很下工夫。

作者：张晋　别墅铅笔稿
点评：作者用铅笔表现的建筑图线条层次感强，周围环境刻画也较为得当，黑白灰分明，尤其建筑的挺拔感十分强烈，是难得的好作品。

作者：刘珊　别墅效果图
点评：色彩柔和，笔触隐藏得很好，建筑左右的植物做到冷暖区分，材质表现鲜明，表现手法娴熟稳定。

作者：刘珊　别墅效果图

作者：向其　建筑透视图

作者：杨馥源　马克笔高层效果图
点评：这张表现图难度较大，因为
作者在开始的处理上，高层线稿
处理过于烦琐，造成了画面过平，
好在作者马克笔功底扎实。在后来
的上色上，远景高层运用大笔触处
理，而前景商业建筑则用笔较细，
形成了远虚近实的效果，堪称经典
之作。

第二章　学习建筑设计手绘表现的基本准备

第一节　透视原理在手绘图中的运用

很多同学在为烦琐的透视几何画法而烦恼，其实大可不必因此而感到头疼，建筑学当中只要有三种透视就足够了，我们不需要按尺寸来求证出每一个透视图，只要记住原理，有一个大体意识就可以了。

透视的基本概念名称

为了研究透视的规律和法则，人们拟定了一定的条件和名称，这些术语名称表示一定的概念，在研究透视学的过程中经常需要使用。

（1）基面（GP）——放置物体（观察对象）的平面。基面是透视学中假设的作为基准的水平面，在透视学中基面永远处于水平状态。

（2）景物（W）——描绘的对象。

（3）视点（EP）——画者观察物象时眼睛所在的位置叫视点。它是透视投影的中心，所以又叫投影中心。

（4）站点（SP）——从视点做垂直于基面的交点。即视点在基面上的投影叫立点，通俗地讲，立点就是画者站立在基面上的位置。

（5）视高（EL）——视点到基点的垂直距离叫视高，也就是视点至立点距离。

（6）画面（PP）——人与景物间的假设面。透视学中为了把一切立体的形象都容纳在一个画面上，在人眼注视的方向假设有一块大无边际的玻璃，这个假想的透明平面叫做画面，或理论画面。

（7）基线（GL）——画面与基面的交线叫基线。

（8）视平线（HL）——视平线指与视点同高并通过视心点的假想水平线。

（9）消灭点（VP）——与视平线平行的线在无穷远会交集的点，亦可称为消失点。

（10）视心（CV）——由视点正垂直于画面的点叫视心。

一点透视

　　顾名思义，一点透视就是整个图面中只有一个灭点，除了平行线以外，其余的线都和灭点相连。

　　正是因为其平行线的特点，所以一点透视又被称作平行透视。一点透视在手绘效果图中运用比较广泛，主要原因是因为其视阈较宽，纵深感强，并且可以表现出更多的建筑立面设计，不过因为除了与灭点相交的线以外，其余所有的线都是出于平行关系，所以使得整个图面效果看起来比较呆板，形式不够灵活，视觉冲击力不是很强。

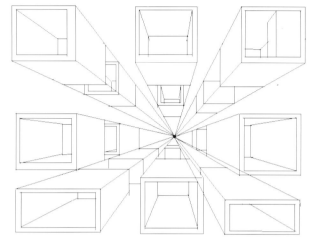

作者：潘晓蕾　古典别墅线稿

两点透视

　　在视平线上有两个灭点，最终在画面上我们可以看到建筑的一角。这种构图冲击力强，表现建筑的气质也十分到位，但是，尽管这种构图会使画面气氛变得十分活跃，却无法看清大部分建筑结构与特征的缺点也是需要我们注意的。

　　两点透视中会有某些竖向线条垂直画面。其他线条分别消失于画面两端的两个灭点。两点透视中画面真实感是比较真实的，尤其可以表现建筑气质，而在效果图中也是十分常用，因为一点透视经常表现的是该建筑的正立面，可是正立面的设计我们会以立面图的形式表现出来，这样会造成画面的重复。两点透视画面冲击力强，在光影调子的强调下，两点透视会变得效果更加强烈，所以深受广大设计师的喜爱。

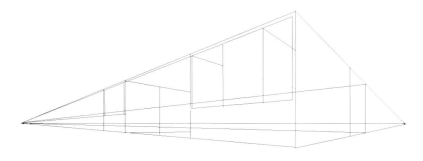

作者：邵伟龙　古典别墅马克笔手绘表现

三点透视

就是在画面中有三个灭点，这种透视一般会理解为鸟瞰，在画高层建筑时较为常见，也是表现建筑最为方便全面的一种透视画法。

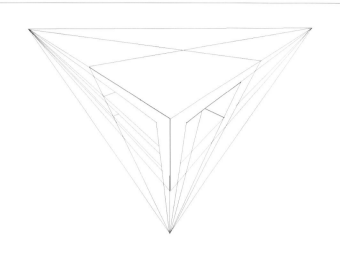

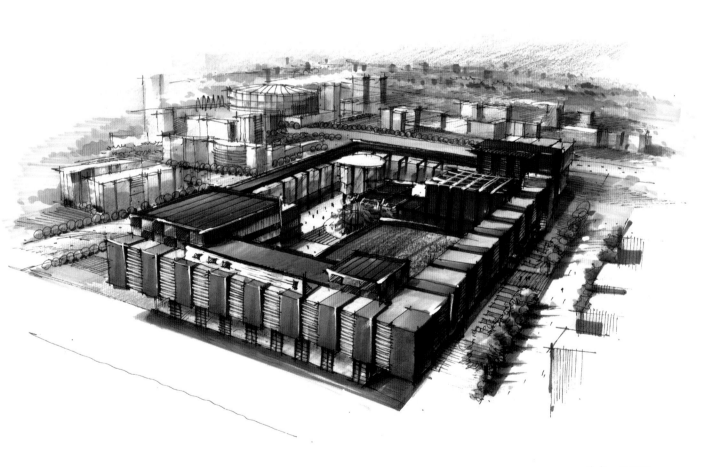

作者：贾晓静

第二节　构图的基本原则

　　构图在手绘效果图中的位置是显而易见的，很多同学在学习手绘效果图的初级阶段只重视透视原理或者是线条运用，对构图的重要性则比较忽略，而事实上手绘效果图的成败很大的原因是因为构图的好与坏。

一、构图的基本原则

　　构图的基本意思是指画面中物体的摆放位置与视觉中心也就是我们说的视点的选择。从基本原理看主要分为对称和均衡还有试点和对比。把握住这两条原则一般画面就会显得十分稳定。

　　无论是建筑手绘效果图还是景观设计手绘图，我们最先确定的是是否熟悉该项目的施工图与平面图布局。比如说建筑图中，我们首先要知道该建筑场地设计的布局，明确建筑的位置，找出建筑的中心位置或者说是特色构件。那么该构件就可以将灭点放在这个位置上，当所有的视线都在这个位置消失的时候，人们的视线自然会顺着灭点找到视觉中心点。

二、恰当处理画面中均衡关系

　　构图时要进行缜密的思考对绘制后的画面进行预测，找好比例关系和位置排列关系，当然在这些手法中我们可以运用以下手法进行布局。

　　1.对称和均衡：首先明确对称与均衡都不是人们所说的平均处理。平均是指画面没有节奏上的变化，数量或位置重复对称排列，而对称和均衡则是经过逻辑分析有意识地利用形状对比、色彩对比、灰与灰的对比来进行平衡画面关系的一种处理手法。

　　2.对称和均衡原则：庄重的建筑比如古典主义建筑中经常会看到对称的处理手法，西方园林的设计中也会出现对称和均衡，不过大部分的手法比较单一，通常是左边什么物体右边也会放置类似的构件，而中国古典的建筑设计和园林则是通过对比来体现画面构图的巧妙。换句话说，西方设计更像是一台天平，而设计元素则是砝码与物体之间的关系。物体与砝码之间永远是呈平衡的关系。而中国古典园林的设计则更像是一杆秤，无论体积多大的物体，最后都会用一颗实心秤砣使之平衡。正所谓秤砣虽小压千斤，所以我们在构图的时候可大面积有意识地取舍，而为视觉中心创造便利条件。

　　3.明度协调原则：在手绘图纸中除了丰富的色彩之外，我们还要有鲜明的素描关系，也就是我们常说的黑白灰之间的关系，画面中总会有某一物体是最暗的，会有某一部位和构建是最亮的，那么这些物体怎么调整亮度之间的衔接是我们要细细品味与琢磨的。黑白灰关系处理的好与坏直接关系到画面的层次感与画面节奏。

　　4.关于画面主体位置的几种弊端：

　　(1)通常我们画的设计图都是以建筑为主体或者是以某一外景观构件为主体，这种情况下，一定要避免地面占图面比例过大，因为这样会使天空面积变得非常小从而使画面气氛变得十分的闷。天空与地面的比例关系一般是三七分或者四六分。

（2）画面视觉中心点不要放在整个画面中心，但是也不要放在靠左或者靠右的部位上，因为这样会出现画面失衡的现象，因而出现画面的不稳定感。

（3）画面主体与配景过满或者过少：人们的性格是一种非常有意思的事物，如果细心，大家会发现字如其人或者是画如其人是有道理的，性格比较张扬或者不细心的人，画面构图往往会过大，画纸有多大，构图的画面就有多大。而性格紧小细微的同学往往构图比较小。无论多大的纸，画面主体的面积基本是一成不变的。这就是人们心理的潜意识往往能够通过人类的某种行为表现出来的原因，是一种心理暗示行为。所以在日后的练习中，我们要多多关注画面构图的规律与技巧。只有这样才会使我们的构图变得老练沉稳。

比较合适的构图

画面构图偏右，左侧空白太多

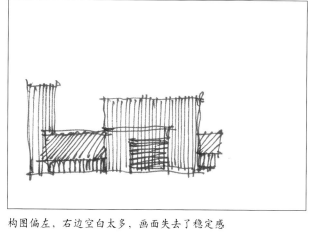

构图偏左，右边空白太多，画面失去了稳定感

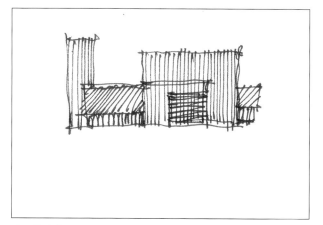

画面构图偏上

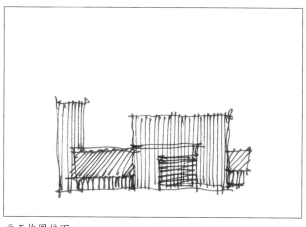

画面构图偏下

第三节　明暗关系

建筑手绘中的素描关系和绘画中的关系很相似，生活中的建筑在光线的照耀下会体现出丰富多彩的建筑体块与空间关系，我们可以假想一下在自然光线的照耀下，建筑的形体分为了三个面。它们分别是明、暗与灰。受光处为亮部，那么正相反，背光处就是暗部。中间色调是我们所说的过渡部分，也就是我们常说的灰色。

正确掌握建筑的素描关系对于学习建筑设计的学生来说是十分必要的。经过理性的光线分析后，使得我们对建筑内部的空间关系与外部的造型形态更加的清晰化。

上面我们提到，一个建筑体在光线的投射下，呈现在我们面前的至少有三个面，这三个面使得我们看到的建筑体呈现出立体效果，实际上我们看到的这一建筑体不一定只有三个面。

我们知道明暗素描关系的出现是因为该建筑体受到了光线的照射才产生的，无论该光线是自然光线还是人造光源都会产生建筑的素描关系。光线的照射是不可能改变建筑的结构的，要想将其明暗关系把握正确，首先应该对其形体关系进行正确的理解，充分找出形体的结构关系，确定出最暗的部分与最亮的部分，在分析其过渡色调关系。既然是过渡面，就要有渐变，这种渐变是很微妙的，即使在同一个面上，由于光线的照射距离不一样，所反射出的明度变化也会有变化。距离光源越远明度越灰。

一个简单的物体明暗关系是十分复杂的，初学者大多不会在意这种微妙的素描关系，久而久之造成了画面效果呆板。

明暗层次分别由受光、背光、明暗交界线、高光以及反光五个部分组成。

作者：张玮

受光，顾名思义，这个部分距离光源最近，明度最高，所以在画面的明度上更接近于白色，但是无论有多亮都不会亮过高光。黑与白之间或者说明与暗之间是对比而言的，有明就会有暗。

灰色则是最难把握的过渡面，实际上它产生于明暗交界线。很多人认为明暗交界线是一条线，实际上我们应该把它理解为一个渐变的面。

高光产生的原因是光源与物体之间的角度垂直造成的强烈反射的效果。它包含在亮部当中，在物体之中，不同的材质质感会造成不同的高光，我们不用特意考虑高光是否有形状。

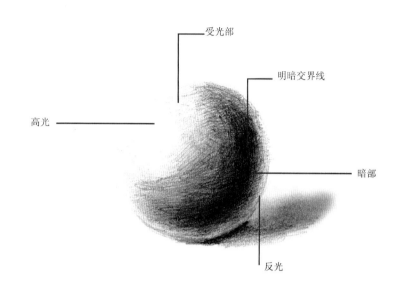

明暗交接线的位置很明确地介于明处与暗处之间，属于亮部与暗部的过渡面，往往这个地方的明度比较低，也有可能是整个物体最暗的部分，因为这样的效果往往可以衬托出暗部的透明度，暗部在暗，明度再低也是透明的，也是可以看到其中的物体结构。

反光对物体的空间、环境、质感都有很大的作用。反光画不好暗面就不透明，这样暗部的结构转折关系也就表现不出来，影响了物体暗部的体积与空间。物体的暗部因受到环境及周围受光物体的影响，就产生了反光。在一般情况下，反光的亮度是不会超过受光部。

中间色即是灰色，这是物体受到光线侧射的地方，同时亦受环境色的侧反射影响，加上物体的结构(特别是人物的造型结构)的复杂变化，中间色的层次变化显得微妙、复杂和丰富。这些灰色在物体上有两个，一个在亮面与明暗交接线之间，另一个在暗部里。中间色是比较难画的，如果处理不当，画不出它的微妙变化的话，画面最容易出现灰与脏的毛病。

投影应包括在暗部里面，它与明暗交接线有密切的关系。投影是从明暗交接线开始的；在光线的照射下，物体的影子投射到另外物体的面上就产生了投影。投影对表现对象暗部结构是很起作用的，与空间也有很大的关系。我们画投影要注意它的透视变化和明暗变化，投影越接近本物体，它的颜色就越重，边缘轮廓就越清楚；距离本物体越远则颜色越浅，边缘轮廓越模糊。把握住这个规律就能准确地表现出空间关系。投影与物体本身的形体及被投射之物体的形体有很大的关系，当投影落在凹凸起伏的物体上，投影也就随着凹凸起伏的形状而变化。投影并非一片黑色，画成一片黑色就使人感到"死"，就不透明，没有空气感，从而就影响了画面的空间感。我们画日光或灯光作业不能只是受光面画得好，暗面、投影也应处理得很出色，很透明，这样画面才能表现出强烈的光感来。

右上角的附图标明了物体三大面及五大明暗层次的分布。

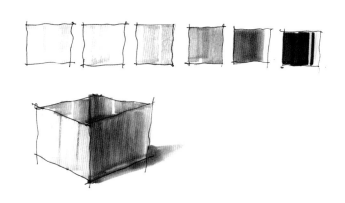

物体边线实际上是物体转折的透视面。处理好物体边线与背景的关系很重要，其好坏直接影响到画面的空间深度。所以我们必须慎重而认真地去对待。边线的转折要画得丰富，要交代形体的透视转折关系，这个转折的透视面在素描中是明暗的虚实变化。边线处理可用"线"来概括，处理好物体边线与背景明暗变化的关系，这对将来创作是重要的。

铅笔、炭笔草图虽然是单色画，但我们应利用这单色画出不同物体的不同固有色的感觉来，不能仅仅停留在表现对象的明暗上，只要能准确地画出对象的丰富层次和色调变化，就能表现出物象的颜色感觉。

铅笔、炭笔草图中的调子。由于对象所处的空间、地点、时间与光线的不同，画面就有不同的明暗层次变化。调子并非在作画的最后阶段统一而成，而是在一开始时就应去考虑、处理好明暗层次的关系，既要注意画面空间的虚实变化和物体"横"的转折，又要有从上而下"坚"的亮度变化节奏。

作者：张权

第四节　作品赏析

作者：金乔木　高层手绘设计图
点评：马克笔的高层建筑结构表现准确，构图也十分稳定难得的是在这么多建筑构建中可以徒手表现出这些构建的透视角度，并且为了突出高层建筑物，有意将天空背景弱化，作者的手绘水平可见一斑。

作者：张豪　铅笔草图
点评：该作品属于一点透视，作者能够很好地把握透视原理，同时远处的高层与近处的高层形成了虚实对比，而没有面面俱到，说明作者对手绘草图原理的理解十分明了。

作者：许新月　别墅线稿
点评：作者运用勾线笔进行绘制，能够较好地理解建筑与环境之间的关系。将建筑放置于植物之中，同时对水面将进行大面积留白处理，画面疏密有度。

作者: 丁俐娟　高层方案设计草图
点评: 这是作者的高层建筑设计, 形体设计得大方得体, 体态穿插得当, 造型饱满, 难得的是作者对整个建筑环境的处理也十分
生动, 可见作者平时对设计素养与表现技法的培养都是十分重视的。

作者: 丁俐娟　别墅线稿

作者：张施彤　建筑写生

作者：王超　纪念馆快题方案设计
点评：作者绘制的纪念馆笔触鲜明大胆，注重取舍，造型多变。形体之间咬合较好，前景植物与天空的灰蓝拉开了与建筑之间的空间距离。但画面右边的乔木交代不够自然，显然这是一棵题目中保留的古树，应把其形态交代清楚，同时在设计上应把其看为景观一景。

作者：张权

作者：张权

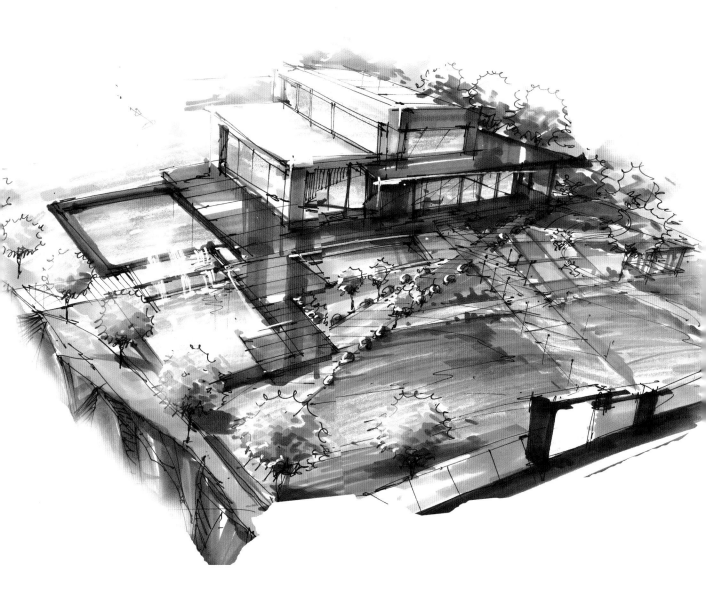

作者：赵步云　别墅方案设计
点评：作者设计的别墅景观手法细腻，色彩整体性好，尤其是采用鸟瞰的形式表现更是说明作者对于透视下过一定苦功，材质对比明显。水景交代得十分生动，并创造性地将动态的景观水景与静态的泳池相联系，但设计的趣味性过于浓厚，道路规划有待推敲，总体来说，还算是一张不错的作品。

第三章　建筑材料的手绘表现
THE DESIGN OF HAND-DRAWING OF BUILDING MATERIALS

第三章 建筑材料的手绘表现

第一节 混凝土

混凝土是由水泥、沙子、石子和水组成的，经过浇筑、养护和固化后形成坚固的固体，是现代建筑中重要的组成部分。常见的混凝土是清水混凝土，是建筑大师安藤忠雄最钟爱的建筑材料，因为这种混凝土会给人自然质朴的质感。在柯布西耶、安藤忠雄和路易斯康的影响下，此类建筑材料目前已得到了广泛的应用。

在现代的建筑院校当中，很多同学都喜欢运用混凝土，并且保留其粗犷原始的建筑质感。它们也经常会在纪念馆和博物馆中得到运用。

那么，怎样运用马克笔来表达混凝土的质感呢？

常见的混凝土色彩可以用冷灰与暖灰来表达，也就是Touch马克笔当中CG3、CG5、CG6、WG3、WG5、WG7等。

平整的混凝土建筑面

如果想表达的混凝土没有粗糙的肌理痕迹，那么运笔的方式以整为主，即用平整的色块来表现材质，要特别注意明暗面的灰度差。例如，亮部用CG3，暗部就可以用CG5，但是不可用CG7，以免造成明度上的变化过于明显，从而造成画面上的不和谐。

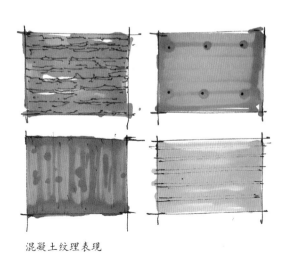

混凝土纹理表现

第二节　涂料

涂料的成分一般是液体，由胶黏剂和颜料调和而成的液体状黏稠物。它会附着在物体表面，经过一段时间的干燥后会变成一层完整的漆膜。随着技术的不断发展变化，涂料已经成为当代设计中不可缺少的设计材料。

涂料具有良好的整体性，施工操作比较简单，很少会出现渗水和脱落等现象。其特点是可以真实地反映出该建筑物的体块变化，面积可大可小，色彩种类丰富，可以说，它的出现使得建筑的外衣变得更加时尚亮丽。

那么在手绘当中，涂料的效果又该怎样表现呢？

如果是简单的快速表现，当然可以直接用马克笔进行绘制，但是如果想深入地表现出建筑涂料的特点，彩色铅笔是马克笔必不可少的搭档，这对组合就好像咖啡与伴侣的关系。

具体方法是先用马克笔绘制固有色，选出一支与其相近的彩色铅笔在马克笔的笔触上重复绘制。切记，不要将笔削的太过尖锐，因为这样会产生很多不和谐的线条，从而破坏涂料的质感效果。

缤纷多彩的涂料为现代建筑披上了华丽的外衣。

第三节　砖

砖这一材质的历史比较久远了，最早是作为结构材料出现的，主要运用在小型建筑当中，如后现代主义大师马里奥博塔在使用这一材质的作品中有相当高的成就。由于砖的材质属于中性材质，介于木材与石材之间，所以深受广大设计师的喜爱。

在马克笔的色号中，砖可以用WG3、WG5、YR97、R25等表现。在线稿的基础上，运用涂料的绘制方法，就能把砖的质感表现得淋漓尽致。

砖墙实景图

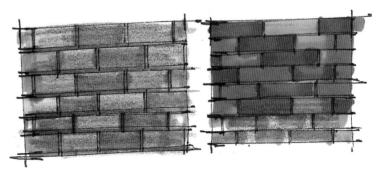

马克笔、彩色铅笔红砖纹理表现

第四节 木材

在设计当中，室内设计运用的木材种类是比较丰富的，景观设计当中也会经常运用这一材质。如果建筑的外立面需要运用木材时，通常会先采取一定技术的防腐处理。木材的材质会使人感到亲切自然，不会像钢铁金属给人以冷冰冰的感觉。很多时候与玻璃材质一同组合成过渡空间，将室外的景色引入室内。室内室外相互联系，使得空间变化更为妙趣横生。

在绘制木材时，不需要按某种木材的纹理单独绘制，可以将其默认为Z字形纹理或者是N字形纹理。纹理不要刻画得过于明显，要做到时隐时现，若隐若无的感觉。常用的马克笔型号为YR101、YR103、YR97、YR95、R25、WG3等。先用棕色彩色铅笔画出Z字形或N字形纹理，再用上述马克笔进行绘制。

木材在建筑中的运用

木材纹理表现

作者：吴建中

第五节 石材

建筑中的石材一般分为大理石和花岗岩。

大理石的成分是岩浆岩、沉积岩、变质岩等，纹理形式多样，色泽柔和自然，美观大方。通常会用在建筑的室内设计上，如果运用在外立面上，要经过特殊的防腐处理。大理石的材质不仅仅可以用于室内，也可以用于建筑外立面的设计。由于其天然的纹理变化丰富，所以会给人以远看材质浑然一色、近观纹理变化多端的设计效果。

绘制大理石时，可根据所设计的颜色挑选笔的型号。大理石的种类繁多，常用的有红线米黄、啡网纹、黑金沙、爵士白等。无论什么颜色的大理石，其绘制的方法都是一样的。

首先在建筑立面上确定大理石材质范围。选定颜色后用横推笔的笔法绘制。笔触要做到横平竖直，最后用细头的笔尖画出大理石的纹理。绘制室内地面大理石时我们可以选用的马克笔型号有：WG3、WG1、CG1、CG2、27、R25、29、BG7。先用马克笔大笔触绘制整块地面，然后用彩色铅笔绘制每一块大理石的纹理，特别要注意大理石的纹理在透视中的变化，否则会造成地面起伏不平的效果。

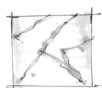

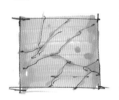

大理石纹理表现

作者：王翠君

石材
玻璃

花岗岩：主要成分是长石、石英、云母等。具有很好的耐磨、耐压、耐腐蚀的特点，其表面大多会呈现颗粒状和点状。比起大理石的丰富纹理，它的效果较为单一，造价也相对低廉一些。在一些中小型公共建筑中，例如行政楼、活动中心经常会用到它。

砂岩：主要成分为水成岩，适合大面积地运用在设计中。相对于大理石和花岗岩来说砂岩的放射性几乎为零，正是因为这样的优点，所以砂岩在当今的建筑设计中被广泛地采用，成为最常用的建筑材料之一。建筑中运用砂岩的历史更可以追溯到百年前。很多著名的欧洲经典建筑例如卢浮宫、巴黎圣母院等都采用了这种材质进行设计。如今砂岩已成为一种时尚健康的设计材料。无论是在家庭装修设计、园林景观设计，还是建筑设计方面都可以看到它的身影。其绘制方法较为简单，可参见大理石的绘制方法。

板岩：具有丰富的层状纹理，质感细腻柔和。板岩的硬度与耐磨度在大理石与花岗岩之间，具有吸水率低、不易风化等特点。结构致密的板岩也经常会被运用到建筑当中。作为室内设计的材料，板岩具有良好的防滑性。当然随着时间的推移，板岩会经常出现裂缝和褪色等缺点。

绘制板岩时要运用马克笔与彩色铅笔相结合的方法。先画出板岩的基本颜色，然后选出一支和它颜色相近的马克笔再绘制一遍。这样做会使板岩的固有色中出现微妙的变化，最后用彩色铅笔擦一层薄薄的调子。

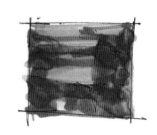

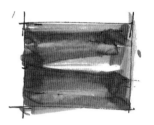

砂岩纹理表现

作者：金毅

建筑设计中墙面的处理手法还有以下几种，虎皮石墙面、层叠石板墙面、石板幕墙、斧剁石墙面、乱石块墙面等，绘制方法雷同；都是运用短笔触进行随机绘制，然后再用明度较低的马克笔再绘制一遍，使其具有立体感，注意不要画得过于均匀，少量留白会使得质感更为真实。

当然，以上的例子对于种类繁多的建筑材料来说只是冰山一角。对于其他材料在设计中的应用和表现还需要我们不断地积累与认识。

第六节　玻璃

玻璃幕墙：是现代主义建筑设计中最常用的建筑材料。清晰透明的玻璃给空间带来了良好的光线，不仅解决了建筑的采光问题，同时也给建筑材质的表现手法带来了革命性的变革。我们的建筑不再是一个密不透风的建筑实体，从而建筑变成了虚幻的三维空间。视线可以穿过空间的阻隔到达另一个空间，空间与空间之间不再是单独孤立的。

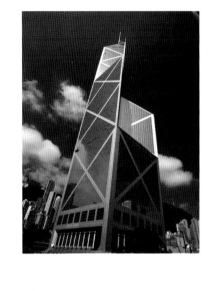

玻璃的种类也有很多，如浮法玻璃、超白玻璃、热弯玻璃、钢化玻璃、夹层玻璃、夹胶玻璃等。在绘制时，我们不需要把这些玻璃种类都表现出来，只要找出玻璃的共性加以注释就可以。

其绘制方法选用Touch76号，用扫笔由暗部向亮部快速绘制，再用淡绿色彩色铅笔在蓝色玻璃上绘制，这样做的目的是让它看起来更为自然，与环境更好地融合到一起，然后用CG5画玻璃上的阴影，最后用修正液画高光。

作者：刘宇

第七节　作品赏析

作者：金毅

作者：丁俐娟　高层马克笔设计
点评：马克笔的摆笔、扫笔运用得十分娴熟，建筑远处为冷灰色，中间部位是暖灰色，近端建筑玻璃幕墙颜色纯度较高，形成了灰暖颜色的渐变过渡，植物一反常态地用修正液进行处理，增添了画面的趣味性。

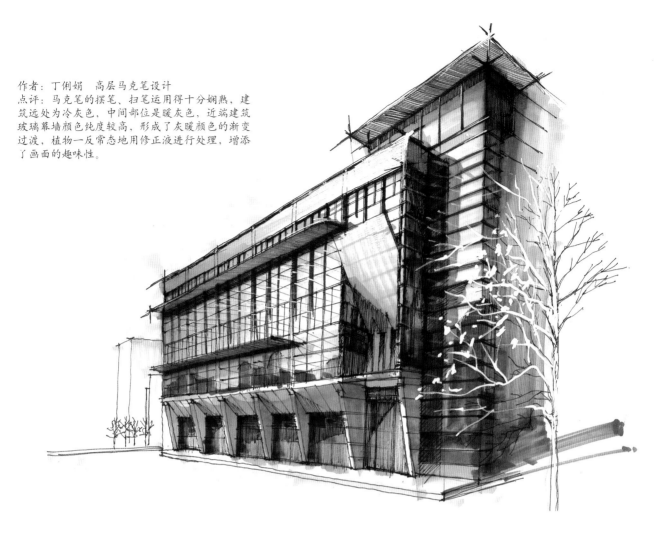

作者：贾晓静

作者：刘宇

作者：吴建中

作者：王翠君

作者：张春雷　餐厅立体设计

作者：王雯　某别墅设计方案

作者：王翠君

作者：王翠君

作者：王雯　泰国建筑写生

作者：夏婕　别墅效果图

第四章 建筑效果图配景画法

THE SUPPORTING LANDSCAPE PAINTING OF ARCHITECTURAL RENDERINGS

建筑效果图配景画法

- 汽车配景的画法
- 人物配景的画法
- 石头配景的画法
- 植物配景的画法
- 天空配景的画法
- 水体配景的画法
- 作品赏析

第四章　建筑效果图配景画法

第一节　汽车配景的画法

作为建筑环艺手绘当中的一种配景元素，汽车的出现使得画面变得十分活跃，商业气氛也更加浓厚。

很多初学者为了画车而单纯地去临摹，这样会导致大多数时候不能够表达完整汽车的形象。因为设计师要考虑汽车的透视，还要考虑到比例和画面的构图关系。

在画面中汽车不要画得过多，这里的多有两个意思，第一，单量汽车的用笔不要过多，因为一张手绘图的图纸不会很大，大部分图纸为A3大小，所以汽车的比例也不会很大。如果用笔过多会显得过于碎。第二，不要随便加汽车，画面上加一辆两辆汽车足够了，不要画的太多，会把原本留出来的地面给画满了，使画面变得沉闷不透气。

环境艺术的手绘汽车表现概括生动。所以在效果图中，汽车不仅要考虑在画面中的构图关系，也要表现出其该有的产品特征。

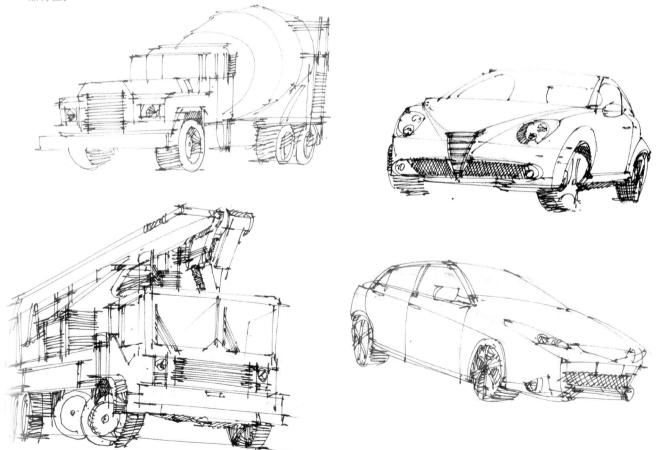

第二节　人物配景的画法

　　人类的动作多种多样，在不同的角度看同一个动作的时候，感觉也是不一样的，所以，我们不要总是想着把人的结构了解完全了再去画，因为在建筑图中，我们的主体对象是建筑。因此，我把人物概括成以下几种画法：一.企鹅人；二.幽灵人；三.几何人。

　　人物配景欣赏

人物配景的画法

第三节 石头配景的画法

人们常说石分三面，其实这只是一种概括的说法。在效果图中，石头作为一种特殊景观元素经常会为建筑主体做陪衬。至于三面还是四面，这取决于个人的偏好。只要将石头理解为多面体就可以了。那么常见的景观石有哪些呢？

一、太湖石

太湖石又常常被叫做窟窿石，主要成分是石灰岩，有水、旱两种，其形状怪异，玲珑剔透，形态各异，故园林中的太湖石常有"皱、漏、瘦、透"的特色。太湖石的颜色多以白为主，白中透青。中国古代经常把硫黄、雄黄等物放置其中。每逢绵绵细雨，硫黄遇水便会产生很多雾气，形成犹如仙境一般的美景。

太湖石的表现特点：

用笔不要过于拘谨，做到轻松自如，随心而画。先画出太湖石的外轮廓，然后再在其中掏出大小不一的圆形。要注意的是这些圆形也是有空间变化的。形体越奇怪，太湖石的气质就越能被描绘得淋漓尽致。

二、千层石

千层石：顾名思义，层次很多，但并不是有一千层。其实它是一种积层岩石，这种岩石硬度较高，表层的风化层很薄，纹理明显且凹凸不平、线条流畅优美，层层相叠，节奏感强。颜色以棕色、土黄、黑灰色为主，是常用于景观假山、水景的造景石材。

千层岩的表现方法：

千层岩分很多种。和植物一样，我们无法把每一种千层岩都做详细的描绘，所以我们要抓住其共有特点来绘制千层岩。千层岩的线条多以短直线做为连接，同时注意这些直线最后组成的是一个变了形的Z字。多个不同的Z字相组合。最后就可以组成千层石的样子。

三、泰山石

泰山石产于泰山山脉周边的溪流山谷，泰山石的质
地非常坚硬，基调稳重，形态饱满，大部分的泰山石会
有很多纹理，因为这些纹理以及稳重的色调使得泰山石
呈现了古朴、凝重之态。

泰山石的表现方法：

泰山石在表现时要做到笔触见圆不易方的要领，使
其形态看起来更为饱满、浑圆。

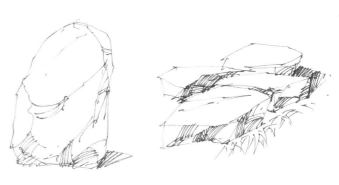

第四节　植物配景的画法

植物的表现方法

植物种类纷繁复杂，形
体千变万化。要想将每一种
树都表现得很清楚是十分困
难的，而且在建筑手绘图中
植物只是一种陪衬的手法，
起到丰富图面空间的作用。
我们将植物分为乔木、灌木
两类。其中乔木以针叶树和
阔叶树为例。植物的枝干应
采用概括的手法，尽量做到
笔触与植物线稿形体保持一
致，在树叶的刻画上用小笔
触来丰富枝叶的形状。

植物配景的画法
天空配景的画法

第五节　天空配景的画法

天空在整个建筑手绘图中的重要地位不言而喻。因为天空占的比重较大，所以很多人不知从何处着手绘制。也很有可能因为这一步画得不正确，出现"一招棋走错，满盘皆是输"的境地。

作者：刘宇

彩色铅笔和色粉笔相融合

表现方法：先用彩色铅笔上一层细细的蓝色底色，取出颜色相近的色粉笔，用面巾纸反复涂抹，最后用橡皮擦出云的质感。

马克笔基本笔法以摆笔为主，点笔为辅助笔法。画法与植物用笔相似，但是始终注意的是要将天空画成片状笔

作者：李青

触，不要画得过于碎。同时，天空颜色要选择
灰蓝，颜色不要过于艳丽。

　　该方法吸取工业设计表现的手法，色粉表
现天空过渡柔和，简便自然，同时色彩感强，
效率也很高，是建筑表现不可多得的使用材
料。方法：用面巾纸反复擦拭粉末，最后用橡
皮擦出白云。

第六节　水体配景的画法

　　建筑景观设计中，水景以其特殊的肌理效果起到过渡与连接的作用。场地设计里，动态场所如果设计一处静态
的水景，空间会升华到动静合一的境界，如果配以动态水景，又会使得空间内的气氛变得十分活跃。所以我们在表
现和设计时，应多注意水的设计和表现手法。

静态水景

　　静态水景的绘制：第一步用彩铅横向线条铺调子，当然最好为浅蓝色。第二步用灰绿色彩色铅笔以Z字形的路线再画一遍，这样第一步画的蓝色彩色铅笔就变得若有若无，水面颜色蓝绿相间。第三步取出蓝色马克笔再绘制一遍，所有的笔触多以横向平行笔触出现。最后用修正液提亮。

动态水景

　　我们可以把它设计为跌水、喷泉、瀑布等。绘制的方法是：先用马克笔以摆笔的方法竖向绘制水流；再用修正液画出水花，但是修正液不要做的太多。

作者：赵步云

作者：金毅

第七节　作品赏析

作者：王茹意

作者：胡腾蛟

作者：杨贝贝

作者：吴建中

作者：杨馥源　小区环境设计
点评：作者表现的是小区景观，运用马克笔，笔法简洁概括，色彩丰富而不艳丽，水景表现得也十分生动。构图四平八稳，所有景观设施都围绕着中间的景观亭。

作者：李磊

作者：吴建中

作者：张晋　马克笔效果图

作者：陈冠锦　别墅彩稿

第五章 建筑设计手绘步骤图

第五章　建筑设计手绘步骤图

第一节　建筑设计手绘的工具表现和方案绘制

一、马克笔、彩色铅笔手绘效果图的体块表现和笔触运用

　　同一支彩色铅笔通过笔的压强不同可以画出不同的明暗效果，明暗交界线的彩色铅笔运笔要重，笔触紧密，随着笔的压力越来越小，自然就会出现渐变效果，切不可在画面同一处反复涂抹，这样会将画面变得很腻很脏。用笔方向有横排笔，斜45°排笔、交叉菱形网格、交叉十字网格等用法。我们常用来处理天空的渐变。

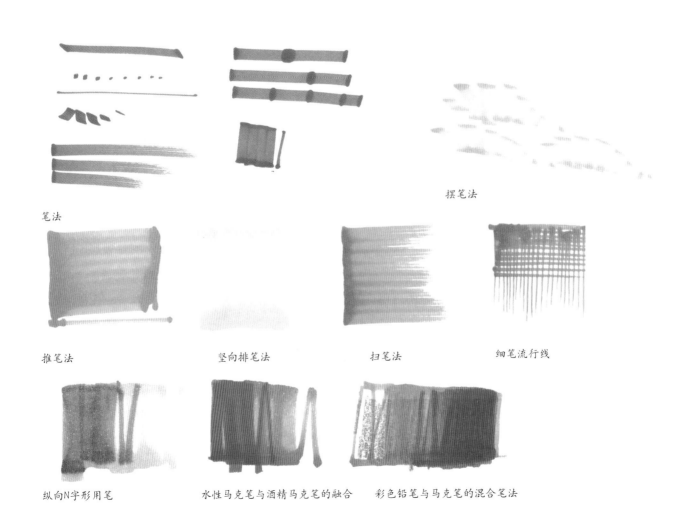

摆笔法

笔法

推笔法　　　　　　　　　竖向排笔法　　　　　　　　扫笔法　　　　　　　　　细笔流行线

纵向N字形用笔　　　　　水性马克笔与酒精马克笔的融合　　彩色铅笔与马克笔的混合笔法

溶色法

马克笔体块表现

彩色铅笔体块表现

作者：夏嵩

作者：夏嵩

二、方案草图的步骤绘制

笔者的方案草图确定建筑的基本形体以后，分析出主入口的位置，将其总平面以草图的形式表现出来，根据总平面以及平面设计、立面设计将其基本的透视草图绘制出来。

步骤一：这一阶段的草图当然不是最终阶段的草图，仅仅是作为方案的雏形，因为方案要经过反复修改，抽象的图形则为以后方案的修改留出了广阔的空间。

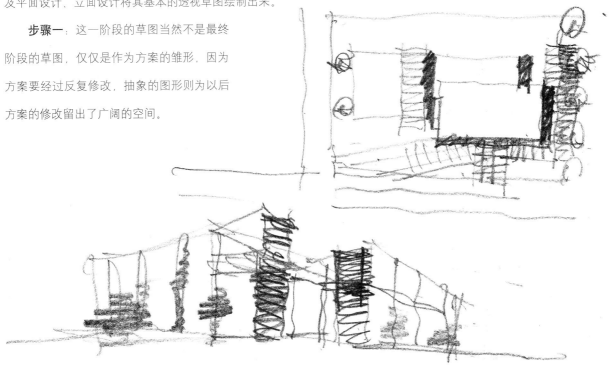

步骤二：经过方案的反复推敲，笔者开始细化草图，将一草所表示的主体结构绘制出来，高耸的楼梯间与架空的空中会议室是该立面的主要特色，所以绘制时要用多重线来进行强调。整个建筑中横向线条与纵向线条的大体位置也要绘制出来，横向线条给人以稳定感，纵向线条给人以秩序感。两种线条反复把握，反复推敲。当然这一步中的透视可以不准确，材质表现的也可以不到位，但是建筑的基本形体要表现得清楚。

步骤三：细化方案，细化建筑结构，将其空间与主要支撑机构位置绘制出来，同时对立面的设计做二次调整。将透视效果图以及立面做反复结合绘制，修改方案，优化方案，直至最终方案敲定为止开始绘制正稿效果图。

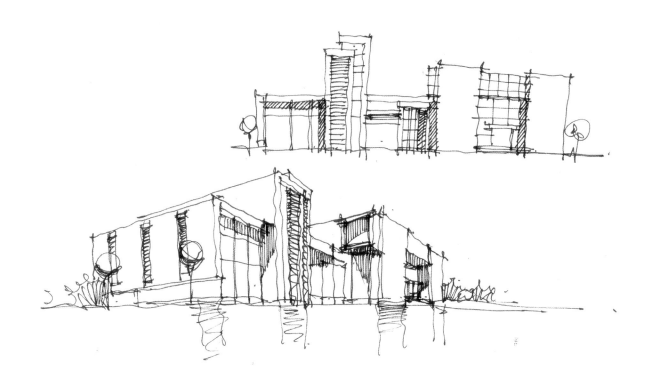

第二节　别墅的分类及其手绘步骤

一、别墅的分类

独栋别墅

独立一体，即拥有独立空间，同时也拥有私人领地，相对于其他别墅类型而言私密性较强，一般情况下其周围会运用不同的乔木、灌木等绿化。这一类型是别墅中历史最悠久的一种，市场上的价格也比较高。

作者：闫鹏举

双拼别墅

由两个单元的别墅拼连组成的单栋别墅。双拼别墅降低了社区密度，增加了住宅的采光面，并且拥有更宽阔的室外空间。该类型别墅大部分是三面采光，通常情况下，窗户较多，通风良好，重视采光与景观朝向。

作者：金毅

联排别墅

由三个或三个以上的单元住宅组成，我们称之联排别墅，一排二至四层联结在一起，几个单元共同拥有一个外墙，平面设计十分统一，有独立的门户。

作者：李磊

叠拼别墅

介于别墅与公寓之间，是由多层的别墅式复式住宅上下叠加在一起组合而成。一般四至七层，由每单元二至三层的别墅户型上下叠加而成，这种开间与联排别墅相比独立面造型可丰富一些，同时一定程度上克服了联排别墅窄进深的缺点。

空中别墅

美国是空中别墅的发源地，意思即"空中阁楼"，是指市中心高层顶端的豪宅，通常是指建在高层建筑物顶端具有复式、跃式形式的高端住宅，具有别墅全景观绝佳的地理优势、视野开阔、采光良好、通透等优势。

由于别墅设计是建筑设计的基础课，很多建筑大师也都是由别墅设计开始的，包括萨伏伊别墅、流水别墅等著名的别墅。这些经典的别墅设计影响了一代又一代的设计师，无论他们使用的材质还是理念都给予观者以深深的震撼。随着施工技术与设计理念的不断发展，别墅的材质与造型变得更加的丰富。我们在绘制别墅效果图时首先注重它的透视角度，其次是它的材质变化。绘制的别墅要突出一个"静"字，笔触要柔和，别墅建筑材料通常会使用涂料、石材、玻璃等。运笔的方向要迎合建筑本身的结构而走，做到尽管用笔少，但是落笔有结构，效果很突出。

作者：吴建中　流水别墅

二、别墅的手绘步骤

为了方便以后反复上色练习，我们可以将线稿复印几份，使用80克或者100克复印纸上色的效果会更好。

步骤一： 选定建筑主体涂料颜色。在这里，我们选择黄色涂料为主，配以红色屋瓦的色调。找出一支棕黄色彩色铅笔，从建筑的明暗交界线开始画起，方向从上向下，做到上重下轻，这样可以达到色阶过渡的效果，并且注意不要把彩铅涂得太腻或者没有层次感。

步骤二： 用颜色相近的马克笔，我们选择WG2和WG4将建筑的暗部画完。注意暗部要画得透明，无论什么样的建筑，越暗的地方越要透明（透明：就是指能看清楚暗部的结构）。

这个步骤争取一遍画完，不要拖泥带水，否则画面会变脏。

步骤三： 绘制背景颜色。建筑手绘的主体虽然是建筑，但是配景植物起着陪衬的作用，红花还需绿叶扶，建筑要融于环境当中，所以对配景植物的刻画更要细心。找出绿色彩铅，颜色一定要淡雅，将背景植物由下到上画一遍（这样做是为了使建筑在视觉上能够落在地面上，而不是悬浮在空中，给人真实的感觉）。同时要注意建筑物左右的植物冷暖色调是不同的，向光一侧的植物色调偏暖，可以加入浅黄色的彩铅搭配描绘，而背光侧的植物色调偏冷，可以加入淡蓝色彩铅搭配描绘。

步骤四： 取出一支三福马克笔的绿色（三福马克笔色彩效果较为明亮），在原有的彩色铅笔的基础上继续刻画，笔触以摆笔、顿笔为主，动作要快，时刻注意用笔触来保持树形的完整。

步骤五： 调整，找出不同的植物颜色，用略深的马克笔将植物的暗部和远处的植物画一下，注意越远的植物颜色越偏蓝。调整整幅图光影的变化，其中包括地面上的光影预计冷暖。

步骤六： 修饰一下天空，天空可以绘制在建筑一角的上方。可以在蓝色的天空加一点青紫色，这样的天空看起来更加的剔透。同时区分一下建筑两侧植物的冷暖，使整个画面统一在和谐的环境当中。最后我们可以用修正液将高光处点亮，注意修正液不要涂太多而影响画面质量，这样效果图就完成了。

步骤一

步骤二

别墅的分类及其手绘步骤

▪ 　　别墅的手绘步骤

步骤三

步骤四

步骤五

步骤六

三、彩色铅笔的手绘步骤

步骤一： 用勾线笔勾出一张别墅线稿，这张线稿我们可以选择成角透视进行构图。首先将整个建筑理解为若干体块，注意体态之间的穿插组合，勾线时要注意线的虚实变化，尤其是建筑的用线和植物的用线要形成对比，建筑的线可以坚硬挺拔一些，植物线条柔软连贯，一气呵成，近处的建筑结构要重点表现，而远处的建筑则要用笔更加概括简练，为了丰富画面效果，同时拉开建筑环境中的空间感，我们在建筑前种植几棵椰子树。而建筑后面的植物笔触要大胆简略。

步骤二： 上色之前我们先分析光源，光源可以分为自然光源和人造光源。那么我们把画面左侧定为光源的方向，然后我们将建筑的外立面材料设计为防腐木、混凝土、涂料等。开始上彩色铅笔的时候要紧紧地围绕建筑主体开始，对其建筑材质进行初步绘制，并且兼顾一下周围的环境。

步骤三： 刻画完善周围环境，调整建筑前景植物与建筑之间的空间关系。并且可以试着把建筑绘制成暖色调为主的色彩。而建筑前的绿化则可以绘制成冷色调较多的颜色。

　　刻画草地的时候可以多用竖向的线条和笔触，这样可以做出草坪上的草和叶子的植物。此时对远处的建筑还没有进行刻画，但是心中要有数。后面建筑应该怎样刻画，从而创造景深效果。

步骤四： 绘制天空还是与其他的手绘图一样，将天空画在建筑的一个角上。开始的线条可以朝着一个方向打调子，然后换个方向编制天空中的调子。天空的角落可以由深到浅产生渐变效果，并且将远处的建筑也进行淡淡绘制。但始终要注意画面不要画得过碎过花。调整整个画面效果，提高画面色彩的纯度，并且找出蓝色和白色色粉。将空中绘制得虚幻一些，这样天空的虚无和建筑的实体会形成鲜明的对比。最后用修正液点出高光。

步骤一

步骤二

步骤三

步骤四

第三节　商业建筑的手绘步骤

一、铅笔的手绘步骤

步骤一： 按已设计好的平面图、立面图将其整体透视画出来，线条要做到干净准确，这个阶段尽量不要用尺子，强调转折处线条的交接点，把握住整体的透视关系就可以了，但是心中要有一个整体的计划。体块之间的穿插关系要按立面图的设计交代清楚。

步骤一

步骤二： 细化建筑空间关系并且增强线条之间的对比度，结构线一定要比处于亮部的形体线更重。进一步推敲体块穿插的关系，刻画出细小空间之间的微妙变化。

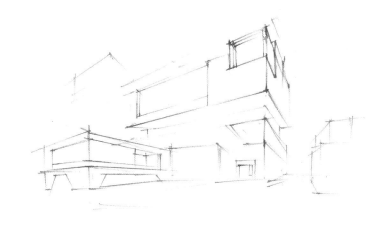

步骤二

步骤三： 初步区分建筑主体明暗关系。线条不要过于细腻，远处的建筑用调子做一下渐变就可以了，虽然不需要将每个空间的明暗都画得那么仔细，调子中的素描关系还是要交代清楚的。

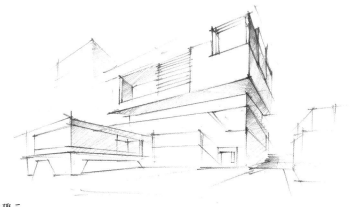

步骤三

步骤四

步骤四：加强明暗之中的对比度，建筑底部的影子可以稍微暗一些，建筑角上的调子可以重一些，始终围绕建筑的明暗交界线去刻画。这个时候还不需要考虑配景的问题，但是要留出植物配景的空间，不要画到最后才发现没有画植物的空间位置了。

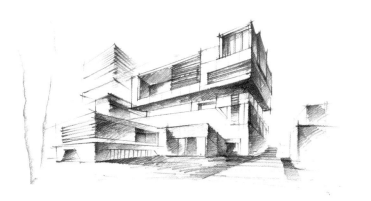

步骤五

步骤五：调整地面关系，地面的草坪可以用横笔触的线条，同时注意区分路面的材质变化。刻画前景树，这一步只需要交代出它的位置就可以了。笔触要虚一点，这样可以与建筑的线产生鲜明对比。

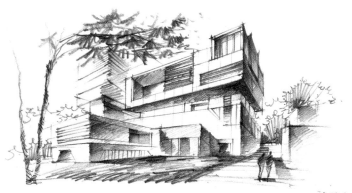

步骤六

步骤六：区分两棵前景树的虚实变化，叶子要做到笔触大胆，笔法活跃，层次分明，同时添加配景植物，这张图就绘制完成了。

二、勾线笔的手绘步骤

步骤一： 先将整个A3图分成三份，再将最下面三分之一段落再分四份，然后取四分之一段画线。我们取的角度为成角透视，根据我们的平面图与立面图的设计方案将主要体块先用铅笔轻轻地起好。天空部分留得稍微大一些。

步骤二： 细化建筑体块。仔细推敲形体关系，我们将整个建筑建成H形。所以建筑临街立面的体块儿更要仔细地推敲。这个步骤是为细化建筑构件做准备，不需要画得过细。

步骤三： 用勾线笔刻画整体建筑轮廓，尤其是建筑结构线更要画得十分清晰。远处的报告厅可以先不用画，只交代进出的休息厅，近景的两栋建筑要有主次之分，即使建筑结构一样、材质一样，我们也要人为地将后面的建筑弱化，避免喧宾夺主，没有主次之分。

步骤四： 刻画远景三层建筑，远景的报告厅、主入口楼梯用笔要简单概括，不要拖泥带水，对近景的建筑物材质进行详细刻画。咖啡厅下面的柱子也要刻画出来。

步骤五： 对整个建筑物统一排阴影，所有的阴影线均为竖线，通过阴影我们可以看到整个建筑的光源方向，为之后马克笔的上色做好充足的准备。

步骤六： 添加植物，所有植物用笔要连贯柔软，这样做的目的是为了与建筑物的硬朗形成鲜明的对比，同时拉开画面层次，左上角的植物更使得画面变得生动活泼，并且用文字标出功能分析与材质属性。

步骤七： 准备马克笔，先用WG1对建筑的阴影进行上色，强调建筑的空间感，远处的马克笔用笔要简略概括。

步骤一

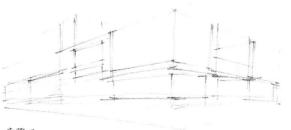

步骤二

步骤三

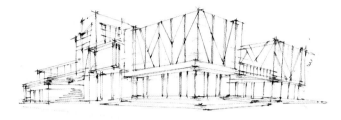

步骤四

步骤五

步骤六

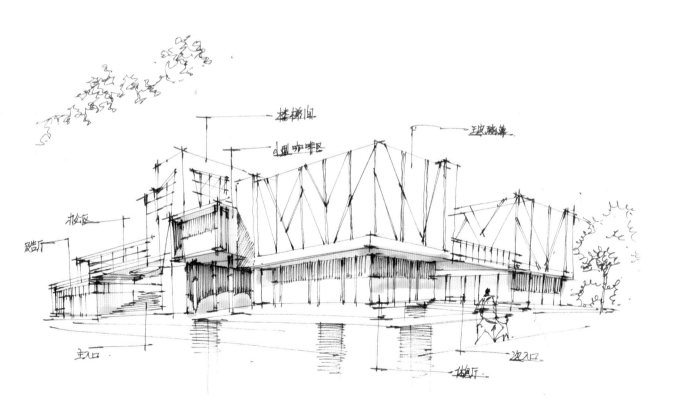

步骤七

三、马克笔的上色步骤

步骤一：建筑物外立面我们选择97号
马克笔作为耐候板的金属材质处理，
其他建筑墙体暂定为黄色大理石。建
筑物的外立面一定要统一，颜色不要
过多，元素不要过碎。

步骤一

步骤二：大面积铺设蓝色玻璃材质。一层建筑虽然也是玻璃但其明度要降低一个等级，这样做的目的是让建筑看起来是稳
稳地落在地面上，而不是悬浮在空中。

　　在这个环节中，我们不需要考虑天光颜色。

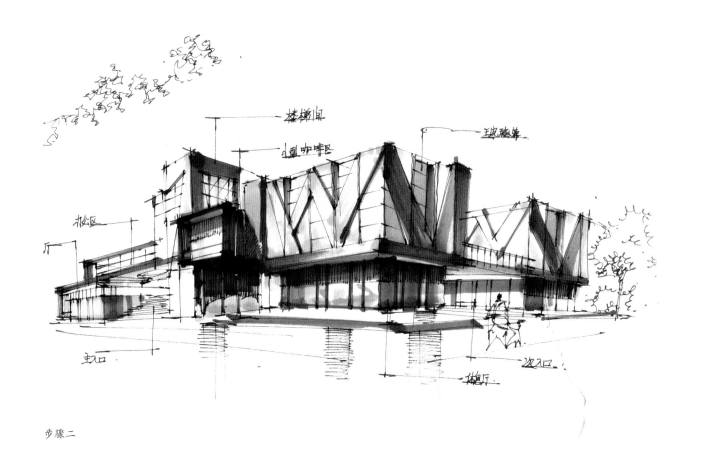

步骤二

步骤三： 完善画面细节，刻画玻璃幕材质的绿色植物倒影，对地面进行大笔触刻画，加强地面与天空的联系。

步骤四： 完善配景植物与人物的交代，并利用天空中的挂角原则。将天空布置在楼梯间的上方，笔触大胆明确，为了使玻璃看起来剔透我们使用修正液高光提亮，这样整个效果图就绘制完成了。

步骤三

步骤四

第四节　中小型公共建筑的手绘步骤

　　公共建筑包含办公建筑和商业建筑，还有旅游建筑、科教文卫建筑等。在高校的建筑课程中，很多同学会在二年级和三年级接触，例如博物馆、纪念馆、活动中心、科技馆的设计课题。

　　在绘制过程中，不要像绘制别墅那样将重点放在材质表现上。应该尽量用概括的笔触将体块分割出来，将材质进行初步的区分就可以了。

步骤一：绘制建筑线稿。线稿的图面上不要有太多的阴影，要将注意力放在结构和形态上。同时将背景植物用排线的笔法加深，这样就可以使建筑的整体黑白灰体块变得清晰明显。

步骤二：用WG2或者是CG2的马克笔绘制建筑的阴影。要注意笔触在建筑结构上的转折。在这个过程中，尤其是屋檐下的阴影要特别注意。

步骤三：我们将在建筑上采用玻璃、耐候板、混凝土来完善建筑的材质立面。玻璃可以用Touch76色，耐候板选择97色和96色，混凝土可以选择CG5或者WG5来进行绘制。

　　绘制时要本着横平竖直用笔原则，将大部分笔触用在建筑的暗部。亮部适当的可以用扫笔形成渐变。窗户及玻璃幕墙可以在下一个步骤再上颜色。特别要注意的是暗部要做适当的留白，不要一下画满，因为这样会造成暗部的颜色变得沉闷。

步骤四：绘制天空和玻璃。绘制天空时笔触尽量灵活多变。可以多用摆笔、点笔等笔法，当然天空的位置应画在建筑的一个角上。

步骤五：完善建筑周边环境的绘制。

步骤一

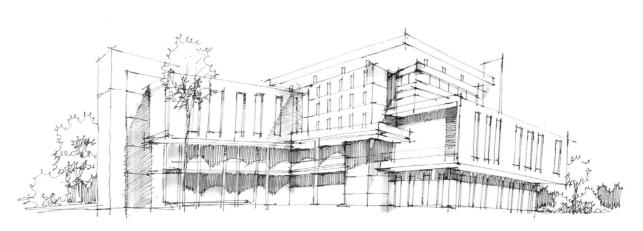

步骤二

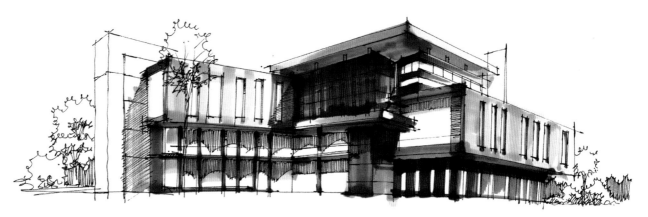

步骤三

步骤四

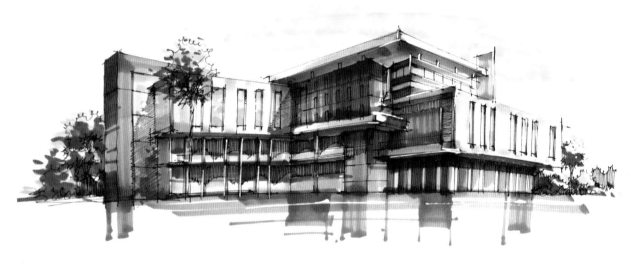

步骤五

第六章　快题设计手绘效果图

第六章　快题设计手绘效果图

第一节　快题设计的意义

一、快题设计中的手绘表现

　　近年来随着建筑设计界的不断发展，各大设计院和高校多会以快题的形式来考核从业者和学生的设计水平以及表现能力，其中包括平面设计、景观设计、园林设计、室内设计、产品设计以及建筑设计等专业。所以越来越多的设计师与相关专业者开始关注快题设计的技巧。

二、快题设计的出题目的

　　快题设计也被称为快图设计，是指在较短的时间内按设计任务书的要求做出一套完整的设计作品，内容是以各高校所设立课程为出题背景，经过在规定的时间内所做出的设计来评估学生在高校内的设计基础与设计素养是否优秀。

　　既然是快题就要求我们一定要速度快，不仅手绘技巧要快，我们的读题识题也要快，同时方案构思也要快。总之一切关于设计中的要点都是以一个"快"字为中心。那么这个快字就告诉了我们两个重要的信息，第一个信息是速度要快。第二个信息就是可以允许适当的不准确。中国有句古话叫欲速则不达。设计是一项理性与感性相结合的行为过程，那么在短

作者：王超　展示中心快题方案设计

短的六个小时内想做出一个非常完善的方案是不可能的。所以在快题之中就允许我们有一定程度上的不准确。

那么第二个问题就很明确，我们怎样适当的把握这个不准确呢？

其实很简单，只要做到"大错不犯，小错少犯"这句话就可以了。

所谓的大错不犯是指你的建筑立意首先不能错，也就是说你不能跑题，再如你的设计规范不能错，举例说明一些比如疏散距离防火规范这些都不能错。任务书说了建筑面积是5000平方米那么绝对不能多余这个数字。人流动线一定不能交叉等，因为这些是体现设计者的基本设计素质的内容。

而小错少犯是指比如房间位置有一两个功能安排得不是很合理或者是门开得过多。有些教室本来要开两个门的，在方案中却只开了一个门等，这些错误不会影响大局，当然尽量不要犯这样的错误。

三、快题设计的手绘效果图

很多同学在绘制快题建筑效果图时经常会存在两种情况：第一种情况是把建筑效果图看得过重；第二种恰恰相反，画的不是很精到。一般情况下只要做到笔触明确，画面色调统一，结构和形体交代明确就可以了。所以各位同学千万不要将时间浪费在手绘风格效果图的收集上。

第二节　快题设计的前期准备

一、快题设计的准备工具

铅笔：很多同学会有一种误解，在画草图时经常会选用HB或者是H的笔，认为这样可以画出很轻的线条，其实恰恰相反，H铅笔较硬，不容易擦掉并且如果图纸是草图纸的话不小心就会划破。其实4B以上的铅笔是比较适合图面草图，不一定是硬铅能画出轻的线条，软铅也是一样可以的。而且软铅的线条更容易擦干净。铅笔不要太尖容易对图纸造成损伤。

勾线笔：一般采用0.2、0.3、0.5的勾线笔。

彩色铅笔：我们可以购买几支常用色就可以了。

马克笔：选择十几支马克笔就够用了，不要选择颜色太跳的马克笔。

比例尺：常用绘图比例是1：500和1：200。

蛇尺：这个很少用到，因为大部分建筑还是采用直线为主，当然弧形墙的时候还是可以用到蛇形尺的。

网格纸：在平面布局时必不可少的用具，优点是快速定好参照线，布局时间大大缩短，缺点是平面会形成死板的布局形式。

草图纸：草图纸是必备的推理方案。

快题设计的前期准备

- 手绘快题的时间分配与作图顺序
- 快题设计的时间分配

快题设计方案的流程

- 快题设计中常用的平面布局原则

二、手绘快题的时间分配与作图顺序

通常情况下建筑手绘快题可以分为8小时快题、6小时快题和3小时快题，图纸的大小一般情况下是A2图纸不少于3张，也有A1图纸，当然最少见的形式是A3图纸。

现在建筑设计快题一般是以6小时快题为主，当然也有3小时快题。

如果想在快题之中得到一个满意的分数，最大的敌人不是任务书而是时间，因为大部分同学在规定的时间内都画不完，其中原因当然和个人设计素养有很大关系，但是如果作图顺序安排得当，是可以节省很多时间的。很多同学不知道做题的顺序，往往按设计顺序开始一步步做，顺序为总平面图、平面图、立面图、剖面图，最后是效果图。每当做到最后一部效果图时，很多同学发现没有时间去画效果图了，于是草草几笔交代清楚就算结束了。其实效果图的分数并不是最多的，如果按分值来算，快题是150分，总平面图应该占30分，平面图占70分左右，效果图占40分左右，立面图、剖面图占分最少，排版5分左右。从分数上来看，效果图并不是最高的分数，但是它却最重要。通常老师会把图纸挂在墙上，然后去一张一张看，那么时间一般是2分钟左右，试想一下，6小时做完的快题量是相当的大，怎么可能是2分钟看完呢？所以第一眼看到的一定是效果图，即使它的分数不是最高的，老师的看图顺序也一定由效果图开始，效果图画得好，印象分也就高，接下来才是看平面布局与总平面图，所有都看完了最后是版式设计。然后按综合分数来评定分数的高低。好了，我们知道了快题设计的评分标准了，所以快题是不可能单单地依靠一张效果图来取胜的，但是一张好的效果图却可以为大家带来相当重要的印象分。

作者：周冰然　青少年活动中心方案设计

三、快题设计的时间分配

建筑快题设计中的马克笔颜色不要用得太多，十几支就足够了。

一般情况下审题阶段为15分钟到20分钟，这期间不仅要对任务书进行通读，并且进行粗略草图的分析。

分别用30分钟推理草图方案；15分钟绘制平面图；45分钟绘制效果图；45分钟绘制总平面图；45分钟绘制立面剖面图；最后用30分钟丰富版式效果。填写设计说明、经济指标。

以上为6小时快题的时间安排，是笔者多年来快题设计经验总结，当然并不是绝对的，读者可以以此为参考，多加练习和总结，摸索出一套适合自己的快题规律。

第三节　快题设计方案的流程

一、快题设计中常用的平面布局原则

流程一：首先通读一遍任务书，做到心中有数，看看是否和自己做的模板一样，很多同学都希望能够背一套万能的平面模板，其实不然，模板并非是说每种功能房间都能套用上，而是只在练习快题的过程中，所形成的一套做题顺序和布局习惯。如果有那当然是最好的，没有也不要紧，可以现场进行分析。第二步，仔细阅读任务书，分析任务书中所给的条件数据，通常快题所设计的面积一般都不会太大，大多数设计面积会在1500平方米到5000平方米。而中小型建筑功能布局是比较明确的，所以精读任务书时要对主要的房间功能面积做到心中有数。第三步明确设计目的，这一步骤的目的就显而易见了，如设计的是什么类型的建筑，是科技类建筑，还是文化类建筑。与此同时大脑要不断地思考以前练习过程中是否做过类似的方案。

流程二：仔细分析所给的基地图纸。这一点比较重要。在这个过程中，我们所需要关注的条件有很多比如基地的高差条件、基地面积、建筑红线与退线、道路红线、周围建筑及街道条件、分析日照朝向，再看看是否有需要保留的古树、古建筑景点、预留水池或者是场地等。因为在这个过程中的分析决定了我们以后的场地设计、主入口位置、建筑总体上的形体咬合关系等一系列重要的问题。比如出现预留古树的题目，我们就可以把古树作为一个景点加以围合，即古树预留了场地面积，同时又可以作为一个好的景观朝向加以利用。

流程三：分析建筑平面功能确定建筑形体的"母题"，在这个过程之中所要考虑的问题较多，比如建筑的开间尺寸、承重柱之间的跨度、功能布局等。其实考研建筑设计中的功能布局不会很复杂，不会像一级注册建筑师那样的考题。只要按任务书上所给的条件去做就可以了。牢记平面布局做到几个原则：（1）动静分离；（2）净污分离；（3）对外功能与对内功能分离。分离的方法可以使用纵向分离方式或横向分离方式.比如说动静分离。一般情况下，动态功能房间可以放在一楼，因其流动性较强，人流较大且人员更换较为频繁，放在一楼比较方便，如果放在二楼就会使得流线过长，且要通过一楼的静态功能房间，不利于办公或者休息。当然纵向布局就需要我们设置处置交通空间。除此之外，如果条件允许我们也

- 总平面图
- 常用构图

可以采用横向布局，大部分布局可以采用主入口的就近原则的布局方法，顾名思义也就是说距离主入口近的房间我们可以将其列为动态房间，而静态房间我们就可以将其放置在距离主入口远的位置，当然这时就需要设置次入口以方便静态房间工作人员出入办公。那么动静分离的房间功能种类有哪些呢？比如音乐厅、排练厅、报告厅、锻炼室等。而办公室、会议室、阅览室等就是静态空间了。

净污分离自然很明确了，主要应用于餐厅与医院或者卫生所之类的建筑。净流线与污流线自然不能交叉，否则会影响建筑的功能使用。

对外功能与对内功能分离：例如办公室也会有对内办公与对外办公，那么对内办公就应放在距离门厅入口较远的地方，而对外办公则可以放置门厅附近。

当然关于平面布局原则还有很多，而以上的几种原则只是其中常见的一部分。

二、总平面图

总平面图的常用形式

三、常用构图

我们在画效果图时一般所用的时间最好不要超过1小时，效果图用的时间过多自然其他的时间就少，常用的透视角度我们常用两点透视，很多同学在设计中通常会选择一点透视，这一点是我在教学中比较反对的。因为在快题中我们通常要画两个立面图，那么一点透视就会和其中的一个立面图重复，造成板式单一自然判分的时候就会有所顾忌。而两点透视可以很好地体现出建筑的特征以及气质。并且构图形式也较为灵活，虽然表现不出大面积设计特点，但是活跃了画面气氛，冲击力较强。

一般情况下，平面设立以后一定要考虑到平面设计对整个建筑形体的咬合关系，多注意建筑立面设计的退让关系，从而使得立面设计有丰富的层次效果。构图原则我们在前一节中曾经粗略提过，这里再详细说明一下：(1) 构图时最好选择成角透视，这样可以以最佳的角度体现建筑特征，并且加强了画面冲击力。(2) 主入口一定要体现在画面的中心，快题设计中主入口的设计是一个得分点，所以在效果图之中要记住尽量把主入口的位置展现出来。(3) 天空应画在该建筑的主入口上方，这样可以给其一个视觉暗示，引导视线落在主入口附近。(4) 植物的挂角原则与压低原则。植物可以画在建筑的角落上增加画面的层次感，使整个画面看起来完整协调，而建筑与地面接触的植物应该做到用线条压实，使之看起来更加稳健坚实，并具有强烈的空间感。(5) 所有人物的透视应该做到头顶视平线，也就是说不管人的位置如何头的位置都应在同一条视平线上。(6) 前景树尽量放松，必要时可以画成空心树，拉开它与配景植物的空间层次。

作者：张春雷　活动中心快题方案设计

第四节　作品赏析

作者：李邯广　建筑快题设计
点评：效果图为铅笔绘制，采用徒手与尺规结合的方式，立面造型丰富，植物与建筑主体产生了呼应关系，阴影处理较为死板。
配景处理生动得当。

作者：陈冠锦

作者：陈冠锦

作者：孙一兵　博物馆快题方案设计
点评：作者设计的快题建筑效果图体块穿插巧妙。高耸的楼梯间突出了主入口的位置，但主入口位置设计得过高。材质表现得十分到位，画面色彩以灰色调为主。色彩柔和，物体之间的关系变化十分微妙，属于上乘之作。

作者：向其

作者：孙一兵　艺术馆快题方案设计
点评：快题效果图。以白色为主的建筑立面看起来干净整洁，形体线条简洁硬朗，材质对比效果强烈。混凝土的实墙与剔透的玻璃反差强烈，但由于造型过于简单使得主入口设计过于突兀，欠缺考虑。整体绘制十分简练，说明作者对于快题有一定把握能力。

第七章　优秀设计表现图欣赏

第七章 优秀设计表现图欣赏

作者：金毅

作者：王翠君

作者：金毅

作者：金毅

作者：金毅

作者：李磊

作者：李磊

作者：李磊

作者：杨海玉

作者：杨海玉

作者：杨海玉

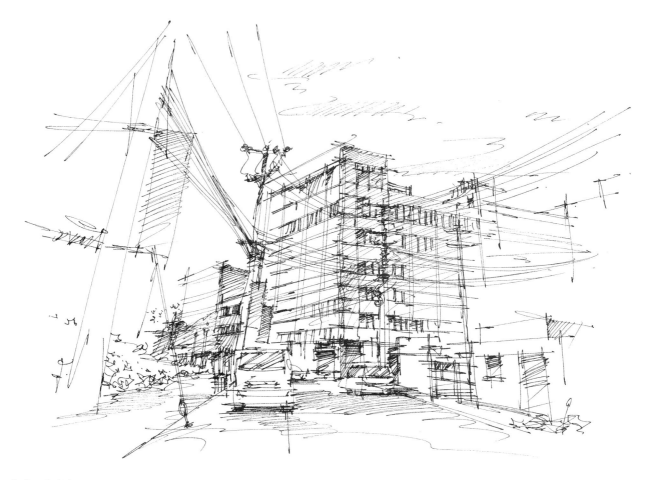

作者：吴建中

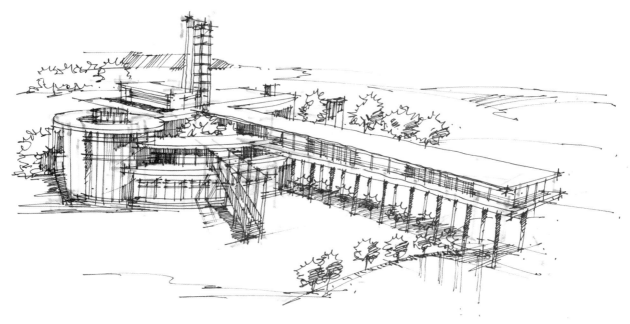

作者：刘宇

作者：李磊

作者：刘宇

作者：刘宇

作者: 吴建中

作者: 夏嵩

作者：夏嵩

作者：刘宇

作者：李磊

作者：夏嵩

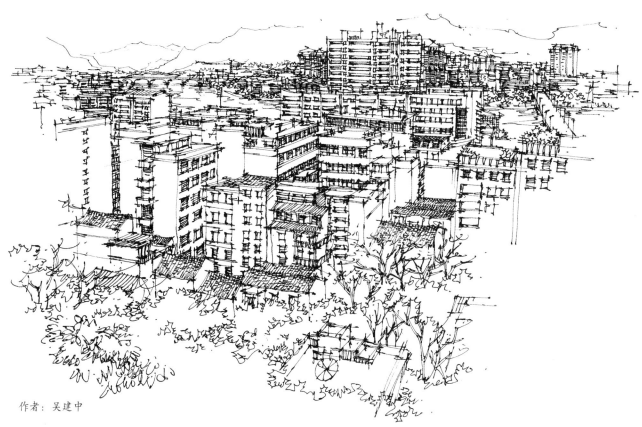

作者：吴建中

作者：夏嵩

作者：夏嵩

作者：夏嵩

作者：夏嵩

作者：金毅

作者：刘宇

作者：金毅

作者：金毅

作者：李磊

作者：李磊

作者：李磊

作者：王翠君

作者：刘宇

作者：刘宇

作者：李磊

作者：李磊

作者：金毅

作者：吴建中

作者：张权

作者：杨海玉

作者：金毅

作者：金毅

作者：金毅

作者：金毅

作者：夏嵩

作者：张权

作者：金毅

作者：金毅

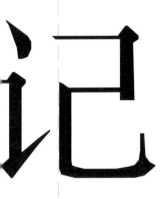

构思、分析、灵感、创意是设计中不可或缺的几个重要环节，在这个浩瀚如海的图纸世界中，手绘与草图的出现为设计师指引了设计的航向，这使我们的设计变得更加艺术化。在这个过程中，简单的设计符号却孕育着无数的智慧与灵感。

有人说手绘与草图是设计师智慧的启蒙与总结。因为它涵盖了设计师毕生的经验，诠释着设计师对设计的理性思考与感性认知。

有人说手绘与草图是一条深奥的人生哲理，滴墨而行，厚积薄发，动如游龙戏水，静如苍柏古松。简练的线条与洒脱的用笔，却蕴涵着舍与得的人生哲理。

也有人说手绘与草图是一件精美的艺术佳作。绚丽的色彩，精妙的笔触，无处不在的设计元素将人类的绘画艺术与科学的空间创意完美地结合在一起。

而在如今这个计算机普及的时代，手绘和草图却在慢慢地转换着它的角色，我们在这一笔笔的线条中感觉到无比沉重却又及其光荣的设计使命感，它不仅仅来自现实中的画面图纸，也来自于我们内心的呐喊。中国需要设计，亚洲需要设计，世界更需要设计。

这一声声的呐喊让我在这个冰冷的冬季感受到了一丝丝春意的温暖，鹅毛纷飞的大雪成为了窗花背景银幕，雪地上早已刻印上了一串串走向希望与光明的脚印，一双双，一对对，在这张洁白无瑕的巨大图纸上，绘制着自己的梦想。

我相信，中国的设计会走向强大，我们的方向永远向着光明。

本书得以出版并非我与王翠君老师的功劳，衷心地感谢在整个过程中始终关注我们出书进展的两位恩师宗明明教授、刘宇博士以及奋斗在设计一线的优秀设计师。还有那些高校的优秀学生，没有他们的努力，这本书可能还在酝酿之中。由于篇幅有限，就不一一列出名单了，请见谅，最后再次感谢你们的帮助与关心，谢谢。

2010年12月25日写于山东青岛　刘宇

DESIGN
AND APPLICATION

03

手绘设计——草图方案表现

刘　宇　编著

目　录
CONTENTS

前　言
PREFACE

　　手绘设计表达一直是设计师、设计专业的学生学习分析、记录理解、表达创意的重要手段，其重要性体现在设计创意的每一个环节，无论是构思立意、逻辑表达还是方案展示无一不需要手绘的形式进行展现。对于每一位设计专业的从业者，我们所要培养和训练的是表达自己构思创意与空间理解的能力、是在阅读学习与行走考察中专业记录的能力、是在设计交流中展示设计语言与思变的能力，而这一切能力的养成都需要我们具备能够熟练表达的手绘功底。

　　由于当下计算机技术日益对设计产生重要的作用，对于设计最终完成的效果图表达已经不像过去那样强调手头功夫，但是快速简洁的手绘表现在设计分析、梳理思路、交流想法和收集资料的环节中凸显其重要性，另外在设计专业考研快题、设计公司招聘应试、注册建筑师考试等环节也要求我们具备较好的手绘表达能力。

　　本套丛书的编者都具备丰富的设计经验和较强的手绘表现能力，在国内专业设计大赛中多次获奖，积累了大量优秀的手绘表现作品。整套丛书分为《手绘设计——草图方案表现》《手绘设计——室内马克笔表现》《手绘设计——建筑马克笔表现》《手绘设计——景观马克笔表现》。内容以作品分类的形式编辑，配合步骤图讲解分析、设计案例展示等环节，详细讲解手绘表现各种工具的使用方法，不同风格题材表现的技巧。希望此套丛书的出版能为设计同仁提供一个更为广阔的交流平台，能有更多的设计师和设计专业的学生从中有所受益，更好地提升自己设计表现的综合能力，为未来的设计之路奠定更为扎实的基础。

刘宇

2013年1月于设计工作室

一、绘制设计草图的基本方法

（一）草图表现的透视原理

"透视"（perspective）一词的含义就是透过透明平面来观察景物，从而研究物体投影成形的法则，即在平面空间中研究立体造型的规律。因此，它即是在平面二维空间上研究如何把我们看到的物象投影成形的原理和法则的学科。

透视学中投影成形的原理和法则属于自然科学的范畴，但在透视原理的实际运用中确实为实现画家的创作意图、设计师的设计目的而服务。所以我们在了解透视原理的基础上更要掌握艺术的造型规律，使二者科学地结合起来（图01、02）。

图01 作者：刘宇

透视学是一门专业的学科，它是我们学习草图表现技法之前就应该已经掌握的一门学科，因此，有关透视的全面知识在这里我们不进行详细的介绍，而是将一些相关的重点内容再做一些提示。

图02 作者：韦民

1．透视的基本概念名称

为了研究透视的规律和法则，人们拟定了一定的条件和术语名称，这些术语名称表示一定的概念，在研究透视学的过程中经常需要使用。

常用术语：

（1）基面（GP）——放置物体（观察对象）的平面。基面是透视学中假设的作为基准的水平面，在透视学中基面永远处于水平状态。

（2）景物（W）——描绘的对象。

（3）视点（EP）——画者观察物象时眼睛所在的位置叫视点。它是透视投影的中心，所以又叫投影中心。

（4）站点（SP）——从视点作垂直于基面的交点。即视点在基面上的正投影叫站点，通俗地讲，站点就是画者站立在基面上的位置。

（5）视高（EL）——视点到基点的垂直距离叫视高，也就是视点至站点的距离。

（6）画面（PP）——人与景物间的假设面。透视学中为了把一切立体的形象都容纳在一个平面上，在人眼注视方向假设有一块大无边际的透明玻璃，这个假想的透明平面叫做画面或理论画面。

（7）基线（GL）——画面与基面的交线叫基线。

（8）视平线（HL）——视平线指与视点同高并通过视心点的假想水平线。

（9）消灭点（VP）——与视线平行的诸线条在无穷远交汇集中的点，亦可称消失点。

（10）视心（CV）——由视点正垂直于画面的点叫视心。

2．透视图分类

透视图一般分为四种：一点透视，二点透视，三点透视和轴测图画法，我们下面分别进行介绍：

一点透视

一点透视也叫平行透视（图03、04）。一点透视如图所示，其特点是物体一个主要面平行于画面，而其他面垂直于画面。所以绘画者正对物体的面与画面平行，物体所有与画面垂直的线其透视有消灭点，且消失点集中在视平线上并与视心点重合。这种一点透视的方法对表现大空间的尺度十分适宜。

图03 作者：张权

图04 作者：夏嵩

一点变两点斜透视。还有一种接近于一点透视的特殊类型，即水平方向的平行线在视平线上还有一个消失点。这种透视善于表现较大的画面场景。

一点透视纵深感强，表现的范围宽广，适于表现庄重、严肃的室内空间。因此这些透视法一般用于画室内装饰、庭园、街景或表达物体正面形象的透视图。但其缺点是比较呆板，画面缺乏灵活变化。

两点透视

两点透视也叫成角透视（图05）。是指物体有一组垂直线与画面平行，其他两组线均与画面成某一角度，而每组各有一个消失点。因此，成角透视有两个消失点。由于两点透视较自由、灵活，反映的空间接近于人的真实感受，易表现体积感及明暗对比效果，因此，这种透视法比较多地使用在室内小空间及室外景观效果图的表现中。缺点是如果角度选择不好容易产生视觉变形效果。

图05 作者：张权

三点透视

三点透视，又称"斜角透视"（图06）。物体倾斜于画面，任何一条边不平行于画面，其透视分别消失于三个消灭点。三点透视有俯视与仰视两种。三点透视一般运用较少，适用于室外高空俯视图或近距离的高大建筑物的绘画。三点透视的特点是角度比较夸张，透视纵深感强。

图06 作者：刘宇

轴测图法

轴测图画法是利用正、斜平行投影的方法，产生三轴立面的图像效果，并通过三轴确定物体的长、宽、高三维尺寸。同时反映物体三个面的造型，利用这种方式形成的图像称为轴测图。

在实际设计中用尺规求作透视图过程复杂，费时较多，一般我们会采用直接徒手绘制透视图，但要求制图者有较强的基本功，能对透视原理进行熟练地应用，在进行徒手绘制时要先确定画面中的主立面尺寸，并选择好视点，然后引出房屋的顶角和地角线，在刻画室内造型及家具时，要从画面的中心部分开始画，并且尽可能地少绘制辅助线，而要学会通过一个物体与室内大空间的比例尺度推导出其他物体的位置和造型，同时要学会把握整体画面关系，在复杂的变化中寻找统一的规律。

（二）设计草图的概念与表现力

1. 设计草图的概念与作用

绘制草图的根本目的是为高效而快捷地完成设计方案服务。设计草图作为一种具有设计创意的绘画表现形式，它直观地表达设计方案的作用，同时它还是整个设计环节中一个重要的组成部分，具有重要的地位，也是各方相互之间沟通设计的一个重要途径。随着社会进步，现代设计业也得到了快速的发展。在现代社会节奏不断加快的形势下，只有提高设计效率才能取得成功，相反就会失去竞争力。在建筑设计、环境艺术设计、展示设计专业的范畴中，不论立意构思，还是方案设计，以及绘制效果图，都要求在最短时间内完成。常规的建筑画，尤其渲染图，虽然可以把内容表达得十分充分，但在效率上明显缺乏优势，而草图作画快捷、易出效果，不仅满足了上述要求，同时，快速的设计表达能力在设计方案的初期发挥着明显的优势，在业务洽谈中所发挥的记录、沟通等方面的作用，在业务的竞争中具有特别的价值。因此，快速草图作为效果图绘画中的一种方式，它是设计时代的产物，它正在发挥着越来越重要的作用，深受建筑设计、环境艺术设计、广告展示设计专业工作者的普遍欢迎，在当今是一种必备的基本能力。

设计草图根据作用不同可分为两类：一类是记录性草图，主要是设计人员收集资料时绘制的；一类是设计性草图，主要是设计人员在设计时推敲方案、解决问题、展示设计效果时绘制的。

设计草图的四大作用：

（1）资料收集，设计是人类的创造性行为，任何一种设计从功能到形态都可以反映出不同经济、文化、技术和价值观念对它的影响，形成各自的特色和品牌。市场的扩大，加剧了竞争，这就要求设计者要凭借聪慧的头脑和娴熟的技能，广泛地收集和记录与设计有关的信息和资料，运用设计速写既可以对所感知的实体进行空间的、尺度的、功能的、形体和色彩的要素记录，同时也可以运用设计速写来分析和研究他人的设计长处。发现设计的新趋势，为日后的设计工作积累丰富的资料（图07）。

（2）形态调整，设计者在确立设计题目的同时，就应对设计对象的功能、形态提出最初步的构想，如家具的功能不变，可否改换其材质，以适应家具的造型要求，这就需要有多种设计方案保证家具功能的实现，还要考虑到形态的调整是否会对家具的构造产生影响，这一阶段的逻辑思维与形象思维的不断组合，运用设计速写便可以将各种设计构想形象快捷地表达出来，使之设计方案得以比较、分析与调整（图08）。

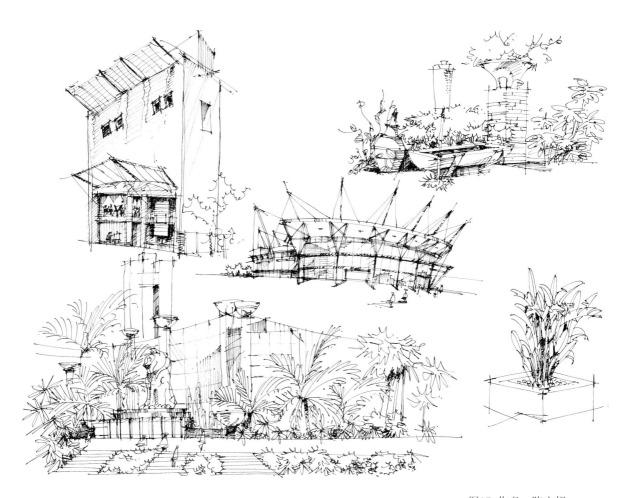

图07 作者：陈文娟

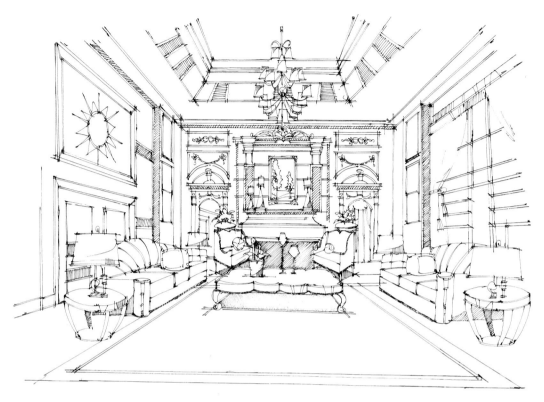

图08 作者 王曼琳

（3）连续记忆，通常设计师对一件设计商品的构思、设计要经过许多因素的连续思考才能完成，有时也会出现偶发性的感觉意识，如功能的转换，形态的启发，意外的联想和偶然的发现，甚至梦中的幻觉都有意识或无意识地促使设计者从中获得灵感，发现新的设计思路和形式，此时只有通过设计速写才能留住这种瞬间的感觉，为设计注入超乎寻常的魅力（图09）。

（4）形象表达，设计师对物体造型的设计既有个人意志的一面，又有社会综合影响的一面，需要得到工程技术人员的配合，同时也需要了解决策者的意见和评价。为了提高设计的直观性和可视性，增加对设计的认识，及时地传递信息，反馈信息，设计速写是最简便、最直接的形象表达手段，是任何数据符号和广告语言所不能替代的形象资料（图10）。

2．设计草图构思的表现力

绘制快速草图还必须具备以下三个方面的特征，即表现快捷省时、效果概括明确、操作简单方便。达到这三点要求，才具备了快速表现图的特点。

图09 作者：夏嵩

（1）表现快捷省时

所谓快速是一个相对的概念，快速表现图作画时间相对较短，表现快捷省时，并不是说快速手绘效果图绘画可以不分画的内容与要求，一律只用很少的时间在规定的范围内完成作品。例如完成一幅建筑效果图可以用速写的方式在几分钟内完稿，但完成另一幅设计方案草图，或方案效果图，则要用数十分钟或者更长一些时间，但是这两种效果图均可以统称为"快速效果图"，因为相对于用数小时或数十小时才能完成传统色彩渲染效果图而言，它们的表现已经是非常快捷省时的了。同时，草图多采用线条为主的表现形式，用简练的线条来造型，起到概括画面的作用。

图10 作者：陈英杰

（2）效果概括明确

以高度概括的手法删繁就简，采取少而精的方法，对可要可不要的部分及内容可以大胆省略，放松次要部分及非重点内容，加强主要内容的处理，形成概括而明确的效果，这是快速草图的又一特征。因为高度概括不仅可以起到快的作用，还可以起到强化作品主要信息内容的作用，但要注意的是，快不等于潦草，快同样需要严谨、准确、真实，不可夸张、变形，更不可主观地随意臆造，所以要紧紧抓住所描述对象最重要的特征，重点刻画其体积、轮廓、层次及最重要的光影和质感等，从而达到概括的理想状态。另外，快捷概括地表现对象，势必会对深入刻画产生影响，如果不采取必要的加强措施，会造成画面虚弱无物的印象。因此要加强所要表达的主要重点，抓住精髓之处刻画，明确关系，如强调明暗的对比与黑、白、灰的关系层次；加大力度着重刻画光影的虚实、远近关系；准确表现材料质感的反差，等等。总之草图表现是设计师手、眼、脑的快速结合。通过一个系列的对比手法，把设计内容真实准确地表现出来，给人以清晰鲜明的视觉效果。

（3）操作简单方便

效果图要比较快速地完成，操作简单方便非常重要，烦琐必然耗时。操作简单方便要求绘画的程序要简单，绘画的工具要方便，绘画者要能胸有成竹非常果断地在画面上直接表现，所用的工具包括笔、纸、颜料均应能做到使用便利，最好以硬笔（如钢笔、铅笔、勾线笔等）作业为主，尽量减少湿作业（也可使用一些水彩或淡彩），同时要注重画图的步骤，讲究作图的层次性避免反复修改，适用的工具品种也应尽量少，这样操作就非常简单方便了。

（三）不同设计草图表现工具的特点

设计草图表现技法主要是根据绘画工具来分类的，在这些工具的使用中，设计师们根据各自不同的需要，充分发挥着各种工具的特点，以达到一种快速而理想的视觉效果为设计方案的创意阶段提供技术上的有力支持。同时为设计方案的交流提供了很大方便。然而在诸多表现中，最基本、常用并容易掌握和便于操作的有钢笔速写、铅（炭）笔草图、铅（炭）笔草图淡彩等形式，我们在这里作为学习的重点进行介绍。

1．铅（炭）笔的表现特点

铅（炭）笔作为绘制草图的常用工具，它为设计师设计过程中的工作草图、构想手稿、方案速写提供了很大方便。因为这类工具表现快捷，所以比较适宜做效果草图。铅（炭）笔草图画面看起来轻松随意，有时甚至并不规范，但它们却是设计师灵感火花记录、思维瞬间反应与知识信息积累的重要手段，它对于帮助设计师建立构思、促进思考、推敲形象、比较方案起到强化形象思维、完善逻辑思维的作用，因此，一些著名的设计大师的设计草图手稿，都能准确地表达其设计构思和创作概念，是设计大师设计历程的记录。铅（炭）笔草图尽管表现技法简捷，但作为设计思维的手段，其具有强大的生命力和表现力（图11、12）。

绘制工具准备：

（1）笔：铅（炭）笔草图作图比较随意，画面轻松，因此，铅笔选用建议以软性为宜。软性铅笔（常用的型号有2H、H、HB、B、2B等）一来表现轻松自由，线条流畅，其二视觉明晰表现创意准确到位，其三使用方便，便于涂擦修改；炭笔选用则无特别要求，但在使用时要注意下笔准确。

（2）纸：铅（炭）笔草图作图由于比较随意，所以用纸比较宽泛，但是要尽量避免使用对铅（炭）不易粘吸的光面纸，常用的是80克左右的复印纸。

表现技法特点：

铅（炭）草图在表现上要注意以下几个方面：

（1）由于铅（炭）笔作图具有便于涂擦修改特点，所以在起稿时可以先从整体布局开始。在表现与刻画时，也尽可以大胆表述。要尽量做到下笔肯定，线条流畅，同时注重利用笔的虚实关系来表现室内整体的空间感。

图11 作者：张权

图12 作者：张权

（2）要充分利用与发挥铅笔或炭笔的本身性能。铅笔由于运笔用力轻重不等，可以绘出深浅不同的线条，所以在表现对象时，要运用线的技法特点。比如，外轮廓线迎光面上线条可细而断续可用于表现眩光等，背光面上要肯定、粗重，远外轮廓宜轻淡，近处轮廓宜明确，地平线可加粗加重，重点部位还要更细致刻画，概括部分线条放松，甚至少画与不画，在处理阴影部分可以适当加些调子进行处理。特别是在绘制设计方案草图时我们多采用单线的表现形式，用简洁的线条勾画物体的形态和空间的整体变化。

（3）铅笔或炭笔不仅在表现线方面具有丰富的表现力，同时还有对面的塑造能力，具有极强的表现力，是素描最常用的表现工具。铅笔或炭笔在表现时可轻可重，可刚可柔，可线可面，可以非常方便地表现出体面的起伏、距离的远近、色彩的明暗等。所以，在表现对象时，可以线面结合，尤其在处理建筑写生的画面时这样做对画面主体与辅助内容的表达都具有极强的表现力。

（4）在对重点部位描述的程度上要比其他部位更深入，在表现上甚至可以稍加夸张，如玻璃门可用铅笔或炭笔的退晕技法表现使其更透明些，某些部位的光影对比效果更强些；在处理玻璃与金属对象时还可以用橡皮擦出高光线，以使画面表现得更精致、更有神，由此使得画面重点突出。

2．钢笔、勾线笔的表现特点

钢笔速写是快速效果图中最基础、运用最广泛的表现类型，是一种与铅（炭）笔速写具有很多共同点并更概括的快速效果图表现方法，所以这种技法是设计专业人员重要的技能与基本功，它对培养设计师与画家形象思维与记忆，锻炼手眼同步反应，快速构建形象、表达创作构思和设计意图以及提高艺术修养、审美能力等，均有很好的作用（图13、14）。

绘制工具准备：

（1）速写钢笔：应选用笔尖光滑、并有一定弹性的钢笔，最好反正面均能画出流畅的线条，且有线条粗细之分，钢笔可随着画者着力的轻重，不同粗细的线条表现方法会呈现不同的物体材质特征。使用钢笔应选用黑色碳素墨水，黑色墨水的视觉效果反差鲜明强烈。这里需要注意的是墨水易沉淀堵塞笔尖，因此，画笔最好要经常清洗，使其经常保持出水通畅，处于良好工作的状态。另外，现在除了传统意义的钢笔以外，具有同样概念或效果的笔也非常多，比较适用的有中性笔、签字笔和许多一次性的勾线笔等，这些笔用时不仅不需要另配墨水或出现堵塞笔现象，而且使用起来非常的轻松方便与流畅，已越来越受到大家的欢迎。

（2）纸：应选用质地密实、吸水性好、并有一定摩擦力的复印纸，白板纸或绘图纸也可以选用一些进口的特种纸等，纸面不宜太光滑，以免难与控制运笔走线及掌握线条的轻重粗细。图幅大小随绘画者习惯，最好要便于随身携带、随时作画。

表现技法特点：

（1）钢笔速写的不同绘画方式可以表现不同对象的造型、层次以及环境气氛。因此，研究线条及线条的组合与画面的关系是钢笔速写技法的重要内容。由于钢笔速写具有难以修改的特点，因此下笔前要对画面整体的布局与透视、结构关系在心中有个大概的腹稿，较好地安排与把握整体画面，这样才能保证画面的进行能够按照预期的方向发展。最终实现较好的画面效果。

图13 作者：董振涛

（2）如何开始进行钢笔速写的描绘，这是许多学生首先碰到的问题。一个有经验的设计师画钢笔速写时下笔可以从任何一个局部开始。但对于初学者，最好从视觉中心、形体最完整的对象入手。因为，把最完整对象画好后，其他一切内容的比例、透视关系都可以以此来作为参照，由此这样描绘下去画面就不容易出现偏差。反之，许多学生由于没有固定的参照对象，画到后来就会出现形体越画越变形，透视关系混乱的现象。另外，在绘制表现图时表现主体和环境配景之间的疏密关系十分重要，所以要对空间有一个整体把握。这对掌握钢笔速写的作画方法很重要。

图14 作者：刘宇

（3）钢笔速写表现的对象往往是复杂的，甚至是杂乱无章的，因此要理性地分析对象，理出头绪，分清画面中的主要和次要，大胆概括。具体处理时应主体实，衬景虚，主体内容要仔细深入刻画，次要内容要概括、交代清楚甚至点到即可，切记不可喧宾夺主地去过分渲染。另外对于画面的重要部位要重点刻画，如画面的视觉中心、主要的透视关系与结构，都可以用一些复线或粗线来强调。

（4）要注意线条与表现内容的关系。钢笔速写的绘画主要是通过线条来表现的，钢笔线条与铅笔、炭笔线条的表现力虽有所异，但基本运笔原理还是大体相似的，绘画者除了要能分出轻重、粗细、刚柔外，还应灵活多变随形施巧，设计师笔下的线条，要能表达所描绘对象的性格与风貌，如表现坚实的建筑结构，线条应挺拔刚劲；表现景观环境，线条就应松弛流畅等。

（5）要研究线条与刻画对象之间的关系。设计师表现事物的过程中要注意分析线在画面中的走势，线条运动时的速度快慢，会产生不同韵律和节奏。所以，就点、线、面三要素而言，线比点更具有表现力，线又比面更便于表现，因此绘画者要研究如何运笔，只有熟练地掌握了画线条的基本技法，画速写时才能做到随心所欲，运用自如（图15）。

图15 作者：张权

二、室内设计草图表现图解

（一）室内步骤图详解1

步骤一：此图采用成角透视原理的方式进行绘制，应注意成角透视的特点会有两个消失点，用HB、2B、4B等铅笔工具进行前期打稿时，可主观强调全图中心的沙发组合群。用笔应干净、利落，体现物体大的空间感觉。

室内步骤图详解——实景照片

室内步骤图详解1-1

步骤二：从空间的墙面入手，选用红环0.3、0.5、0.7的勾线笔先将物体大的结构线描绘出来，逐步深入，进而表现中间组合家具。线条应肯定有力，不应陷入局限，以表现沙发大的体块关系为主。

室内步骤图详解1-2

步骤三：增加物体的细节，包括天花的通风管道，以及背景楼梯的细部处理。主观虚化背景墙面，使之成为底景，衬托前景的家具组合。

室内步骤图详解1-3

步骤四：用晨光2180的勾线笔细致刻画各物体的光影变化，增强画面中前后之间的层次感。尤其是中间沙发的明暗关系对比是我们刻画的重点，用笔方式应细腻多变，调子的排列应秩序整齐。在画面中，天花的筒灯构成的点，大体结构所构成的线，以及光影组合所构成的面，使整幅画面形成的点、线、面的构成感十足。

室内步骤图详解1-4

（二）室内步骤图详解2

步骤一：室内草图的练习可以提高我们对于空间进深的把握，我们采用一点透视原理的方法，用HB、2B、4B等铅笔工具进行前期打稿，应注意室内透视的空间关系以及该图片所体现的空间尺度。注意前后红紫色高背椅子不同的大小关系，并将全图的草稿绘出。

室内步骤图详解2-1

室内步骤图详解——实景照片

步骤二：选用红环0.3、0.5、0.7的勾线笔将前后不同的物体和家具大的框架勾勒出来。注意空间中整体墙面的结构体现，线与线之间应流畅，有韵律感。有些线条之间的交叉可强调一些，以达到塑造画面大体空间的要求。

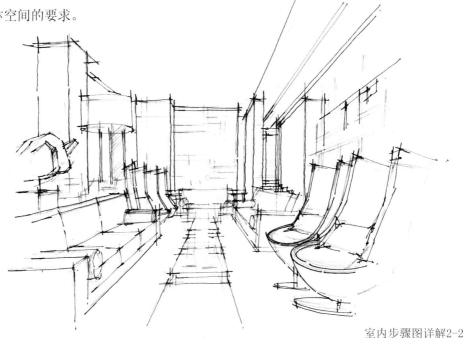

室内步骤图详解2-2

步骤三：开始加重背景墙面的层次关系，强调画面的进深感。着重刻画以茶几为中轴线的家具组团关系，抓住物体大的轮廓，注意此时应多选用晨光2180的草图笔，以求表现场景中间的细节部分。

室内步骤图详解2-3

步骤四：用排线的方式综合渲染画面的光影层次关系，注意背景层面应虚一些，不可忽略每个家具中的投影关系，注重刻画前景的高背椅，注重本身的明暗色阶渐变，体现物体大的轮廓关系。虚化高背椅以求繁简对比，强调沙发靠背的细节处理。

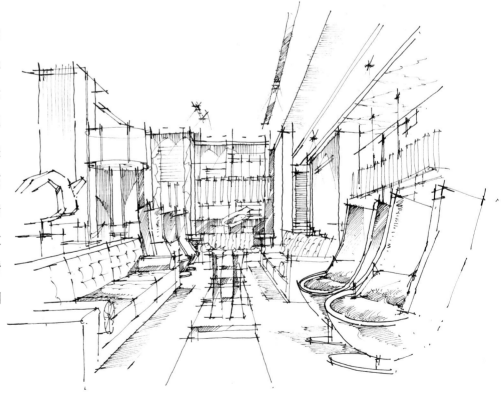

室内步骤图详解2-4

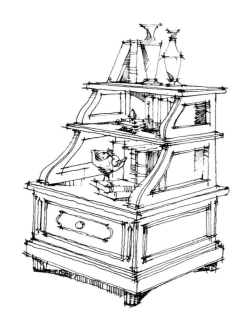

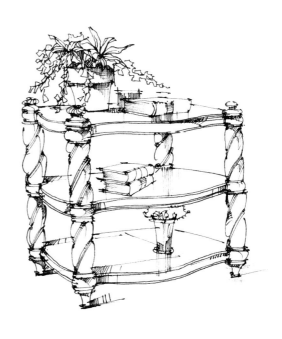

作者：夏嵩

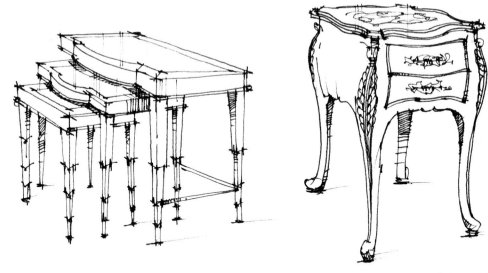

作者：夏嵩

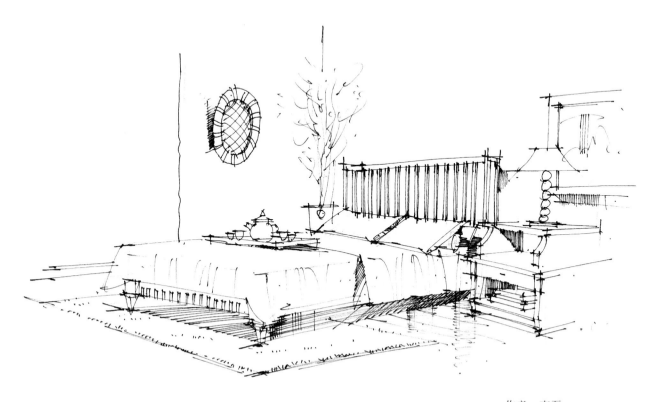

作者：李磊

作者：刘宇

作者：刘宇

作者：刘宇

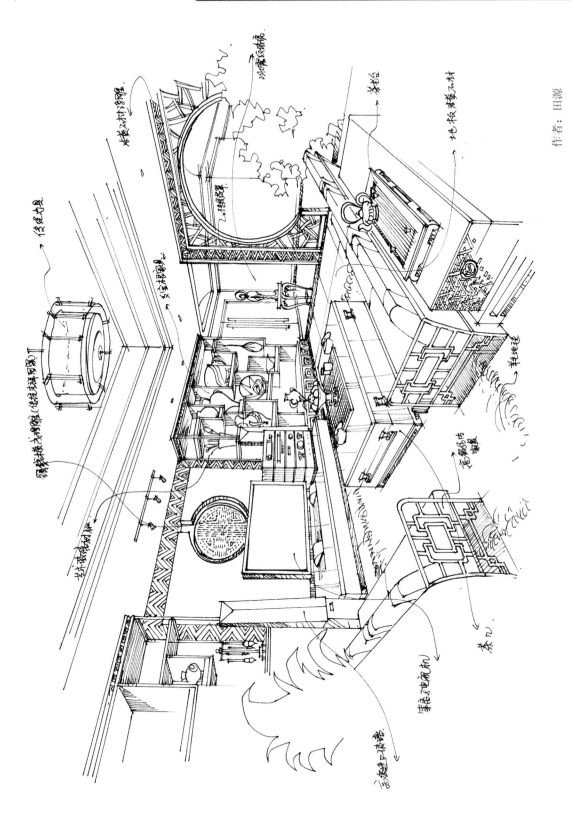

作者：郭丹丹

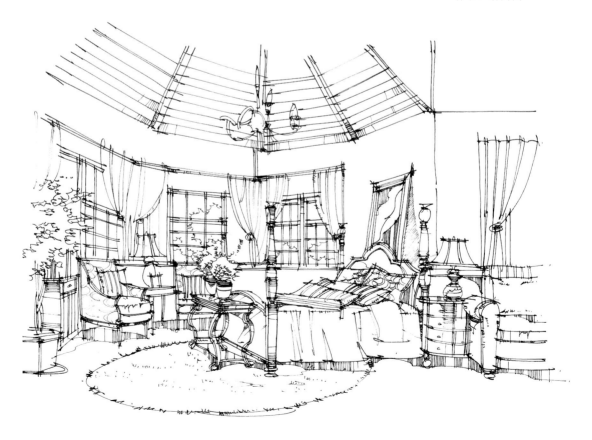

作者：王笑非

作者：张权

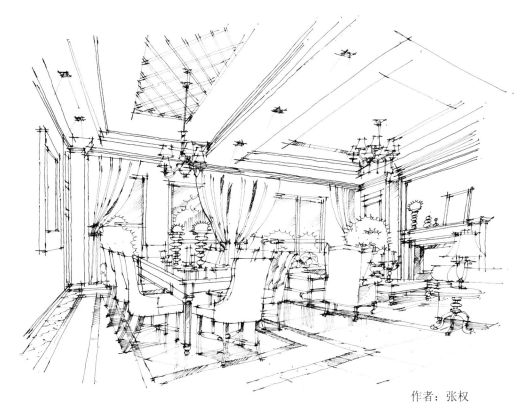

作者：张权

作者：黄宇豪

作者：刘宇

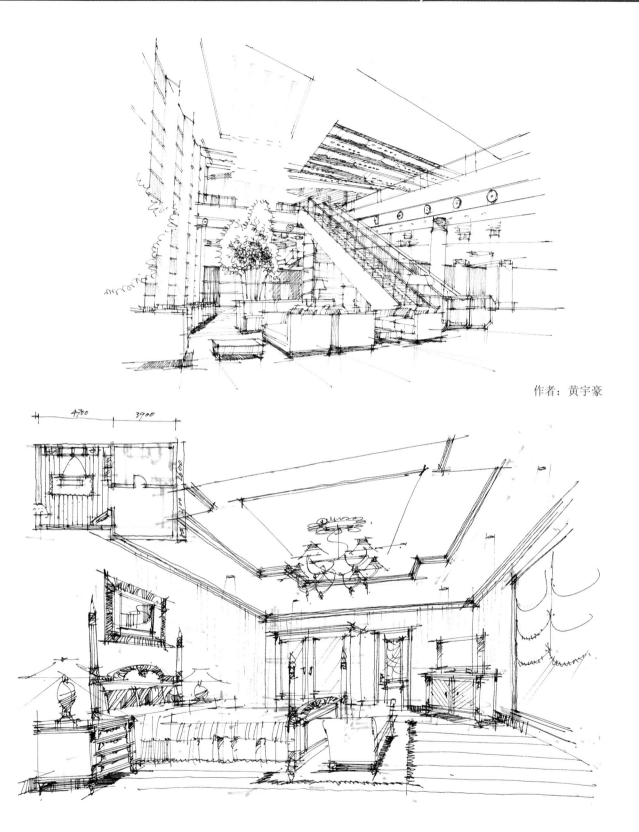

作者：黄宇豪

作者：刘宇

作者：周亚丽

作者：韦民

作者：张权

三、建筑设计草图表现图解

（一）建筑步骤图详解1

步骤一：表现古典建筑的题材是非常能考验一位设计表现者对于线条组织的把控能力。此建筑为典型巴西利卡式格局。开始依然采用铅笔起稿的方式，将主体建筑的两边钟塔、中间玫瑰窗以及两翼窗框的排列进行初期的起稿，前景的雕塑可以用轮廓概括。注意用笔应干脆，注重画面整体构图的协调。

建筑步骤图详解——实景照片

建筑步骤图详解1-1

步骤二：我们依然选用红环0.2、0.5、0.8的勾线笔将建筑与雕塑的大体框架勾勒出来。此阶段仍不应拘泥于细节，注意建筑结构的表现以及线条的流畅度。抓住主体大的体块，分清画面主次关系。

建筑步骤图详解1-2

步骤三：开始深化细节阶段。将建筑的立面表达清楚，注意不同门窗与门洞的虚实关系，以及将画面主题的重点放在中心玫瑰窗上，同时我们还应强调建筑向上的透视感觉。注重主体建筑轮廓与细部结构之间层次关系的表达，并将人物以及树景初步概括。雕塑可表现大的衣褶的变化。

建筑步骤图详解1-3

步骤四：全面深入调整画面阶段，着重表达建筑在光的照射下光影的变化，以及建筑本身纹理的表达。使建筑的黑白对比度加大，从而衬托中景雕塑，同时用自由的曲线表达前景植物。用细密的侧锋笔法渲染天空，以使建筑与环境得到统一，使建筑形成高耸、庄严的效果。

建筑步骤图详解1-4

（二）建筑步骤图详解2

步骤一：该建筑体块穿插明显，材料以及开窗的选择都体现后现代主义设计的元素，构成感十足。我们开始选用冷灰色的马克笔进行起稿。要求使用马克笔的细头，笔触应大胆、快速，注意表现建筑之间大的体块关系，同时应注意建筑透视的准确度。

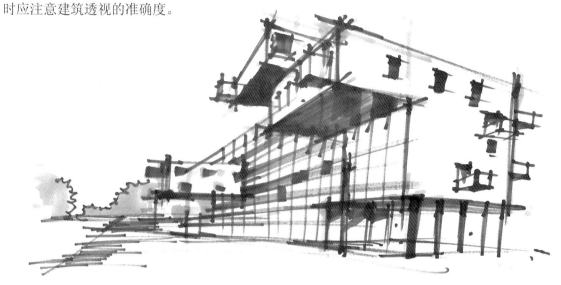

建筑步骤图详解2-1

步骤二：用2180的晨光勾线笔进行塑造，将建筑大体轮廓勾出，应注意线与线之间的交叉，以及玻璃幕墙用线的分割。车的勾勒用笔可灵活些，画面会显得十分生动。

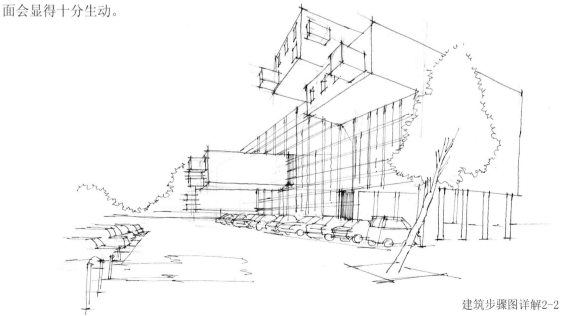

建筑步骤图详解2-2

步骤三：将建筑的小结构以及窗户之间的变化进行塑造。开始对建筑进行初步的材质与光影表现，我们应首先表现大的光影层次关系，将建筑大的层次关系进行分面，注意大的黑、白、灰关系，远景的植物变化应少，以块面关系为主。

建筑步骤图详解2-3

步骤四：开始深化建筑的光影关系，此时应注意建筑不同玻璃幕墙的光影细节变化，加强建筑背光面的明暗对比，注意排线的方向与秩序感，同时不要忽略前景树的刻画。

建筑步骤图详解2-4

步骤五：进入深入表达画面的阶段，继续加强明暗的对比关系，线与线之间的排列应更加密集些，前景的树形可以以勾勒的形式表现，而背景的树可以以面的形式体现，全图以中景的建筑为核心，形成前中后、黑白灰的层次变化。

建筑步骤图详解2-5

作者：夏嵩

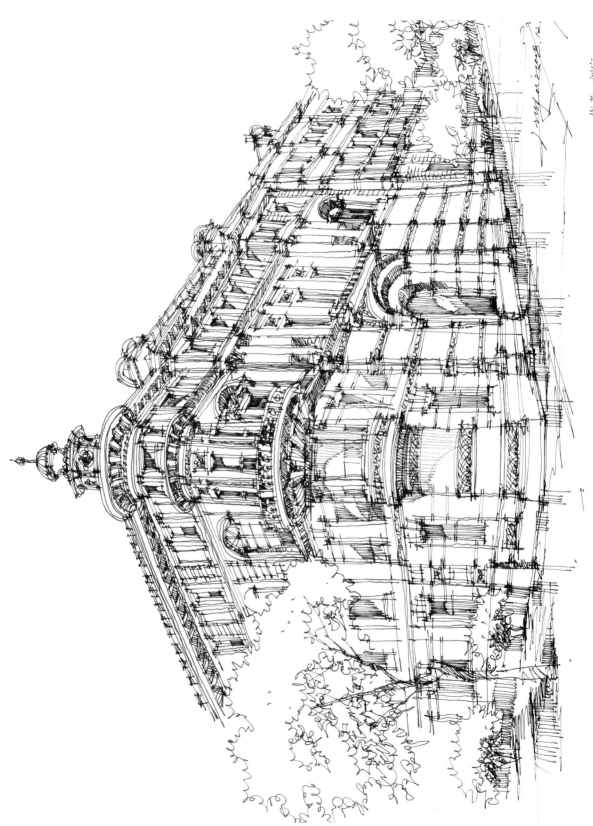

作者：刘宇

作者：刘宇

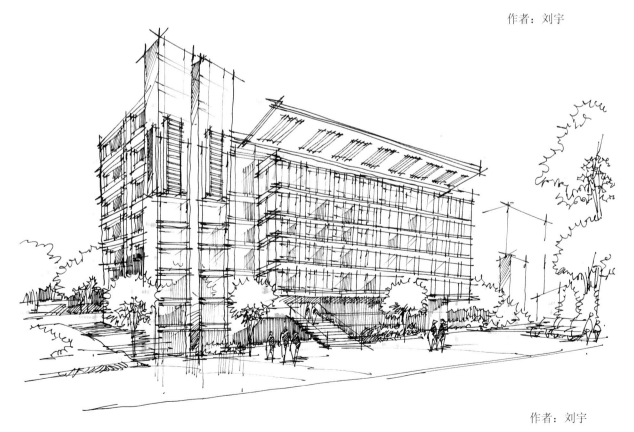

作者：刘宇

作者：张权

作者：张权

作者：刘宇

作者：张权

作者：张权

作者：张权

作者：张权

作者：刘宇

作者：刘宇

作者：张权

作者：陈文娟

作者：力维云

作者：张权

四、景观设计草图表现图解

（一）景观步骤图详解1

步骤一：草图的表现可以说是各种设计表现的基础。它不仅可以作为单独题材进行表现，也可为马克笔、彩色铅笔、水彩等表现形式进行前期的定稿准备。因此可着重加以分析总结。此图为欧式风景建筑表现题材，画面整体格调清新、疏朗。为能准确描述此场景，我们第一步选用HB、2B、4B等铅笔工具进行前期定稿。起稿时注意用笔的干脆，应快速塑造背景建筑与前景游艇的大体关系，要求简洁明快，同时注意画面的整体构图。

景观步骤图详解——实景照片

景观步骤图详解1-1

步骤二：选用红环0.3、0.5、0.7的勾线笔将画面大的框架勾勒出来。此阶段不要拘泥于细节，注意线与线之间的交叉感以及用笔的流畅度。要求分出各景物的大体轮廓框架。

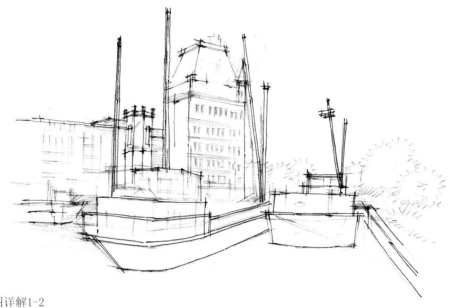

景观步骤图详解1-2

步骤三：开始深入画面阶段，用晨光2180的勾线笔刻画背景建筑的窗框以及老虎窗。主观上使建筑虚化并强调建筑的阴影关系以求突出前面的游艇。针对前景游艇应细致刻画细节，包括船上的缆绳与桅杆。注意勾线笔排列的笔触，以及用笔力度的掌握。

景观步骤图详解1-3

　　步骤四：进入全面深入阶段。主体强调船舶停靠在水面中倒影的感觉，注重水面波光粼粼的质感表现，强化周边环境的渲染，用排线的方式继续加大主体船舶与背景建筑的关系。刻画天空时笔锋应用侧锋，将云层的层次表现出来，从而使画面达到整体宁静之感。

景观步骤图详解1-4

（二）景观步骤图详解2

步骤一：此景观应处理好主景树与其他配景的关系。将建筑推到画面的后面，使其成为全图的底景。选用HB、2B、4B等铅笔工具进行前期草稿的绘制，将画面的重点放在院落的主景树上，对其树根的穿插以及叶冠的明暗层次变化都应着重刻画。而对其他树应以概括的手法进行处理，同时注意光影的描绘可增强画面层次。

景观步骤图详解——实景照片

景观步骤图详解2-1

步骤二：用红环的勾线笔采用自由的曲线将植物以及建筑的结构勾出，此时不要过于拘泥细节，要求画出树种的大体轮廓即可。

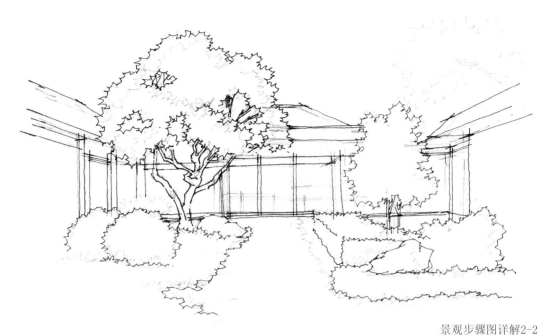

景观步骤图详解2-2

步骤三：对全景植物进行分层，用自由的曲线描绘不同植物的明暗关系，着重刻画主景树枝干的穿插以及叶冠层次的变化。可选用晨光2180的勾线笔进行层次的处理，注意不同叶冠的大小比例，笔法可更灵活些。

景观步骤图详解2-3

　　步骤四：综合渲染画面，加大人造光源的对比关系，注重刻画植物阴影的转折变化，丰富画面的虚实关系，强调树枝穿插与叶冠的层次变化。用排线的方式将建筑背景推到画面的背后。远山的画法可结合中国画中的皴法，做出远山近景的感觉。

景观步骤图详解2-4

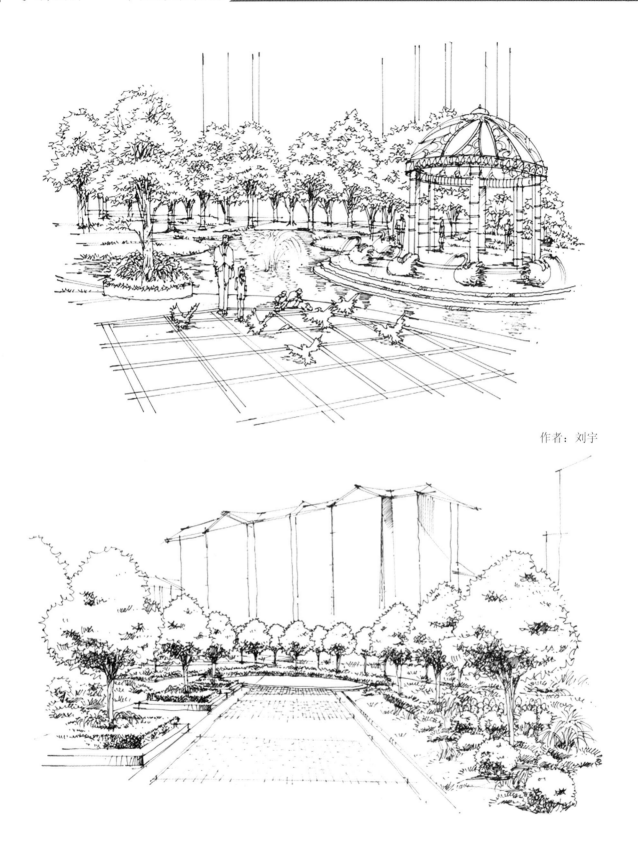

作者：刘宇

作者：刘宇

作者：刘宇

作者：张权

作者：张权

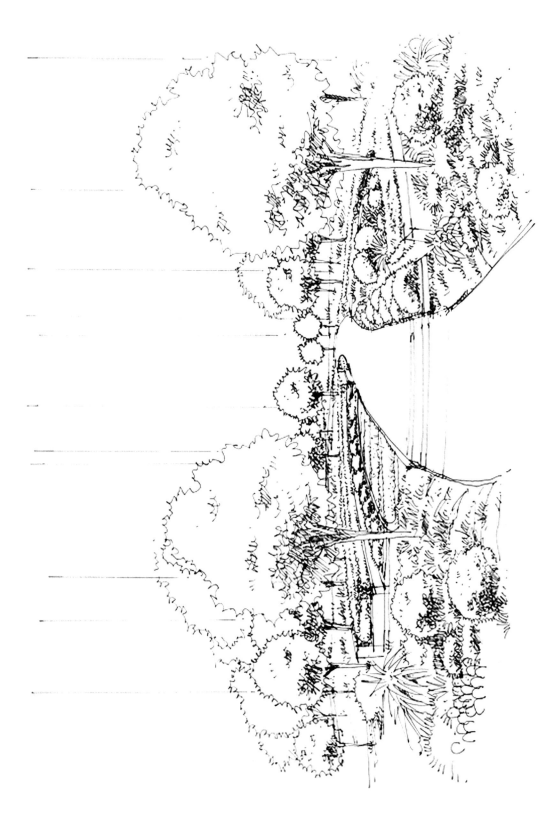

作者：刘宇

作者：吴斌

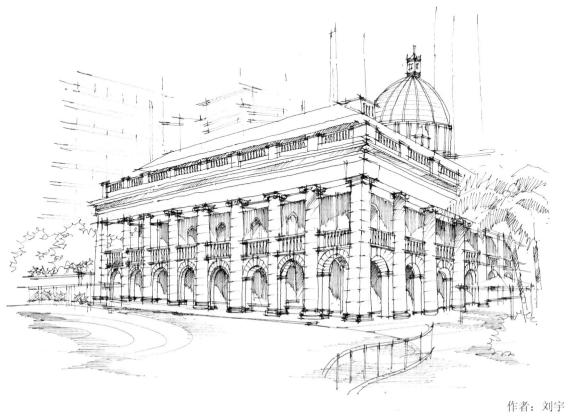

作者：刘宇

作者：李明同

作者：李明同

作者：李明同

作者：李明同

五、设计方案草图表现图解

作者：刘宇

作者：刘宇

酒店一层大堂接待台立面

作者：刘宇

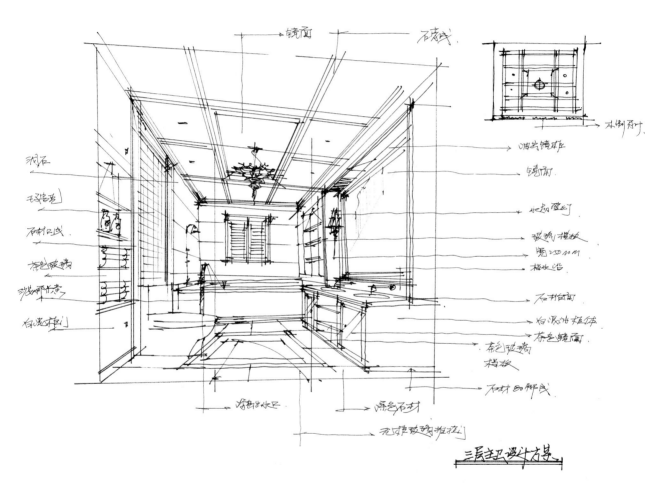

三层主卫设计方案

作者：刘宇

作者：刘宇

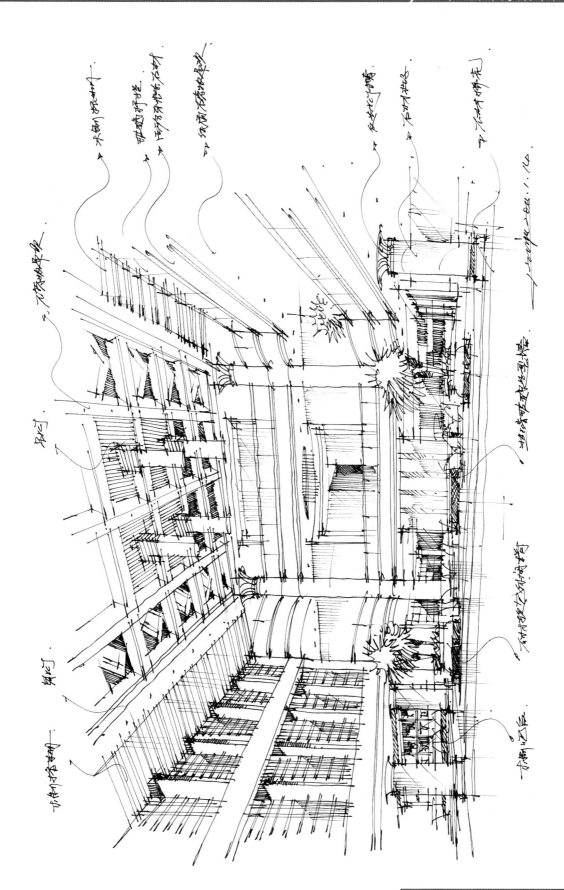

作者：刘宇

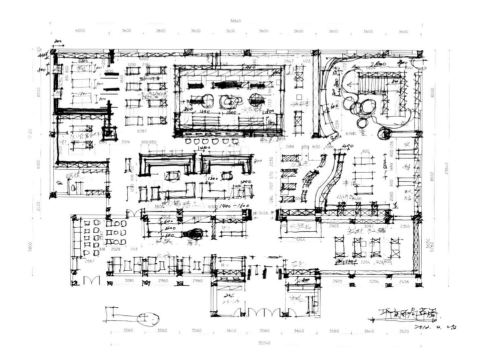

作者：刘宇

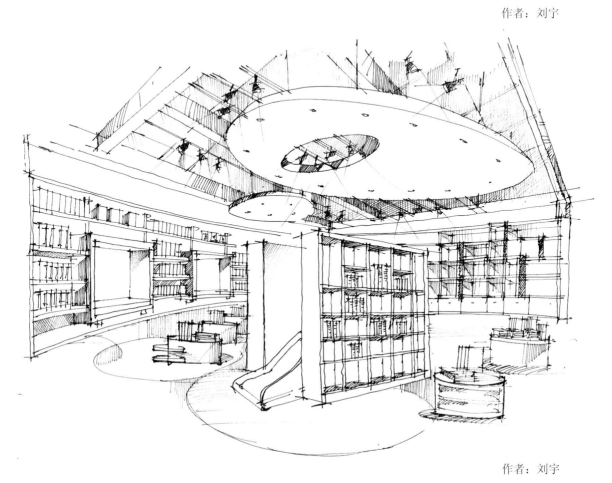

作者：刘宇

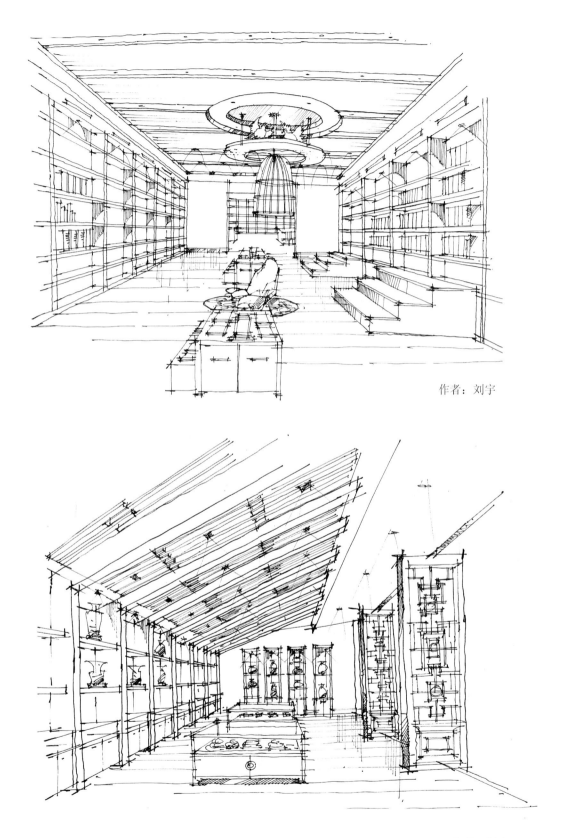

作者：刘宇

作者：刘宇

作者：刘宇

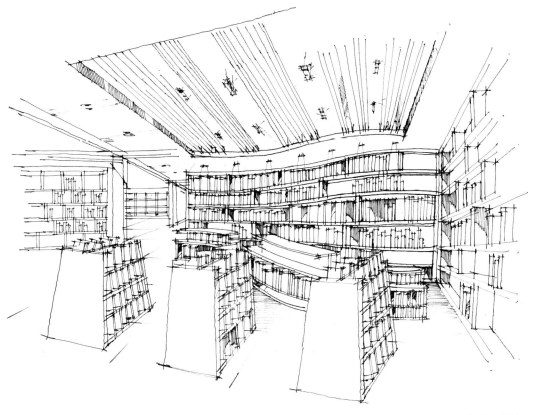

作者：刘宇

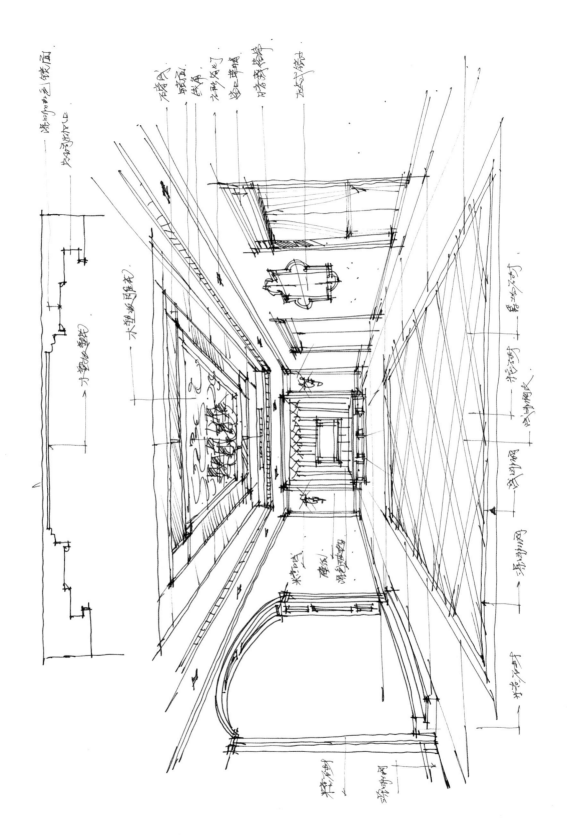

作者：刘宇

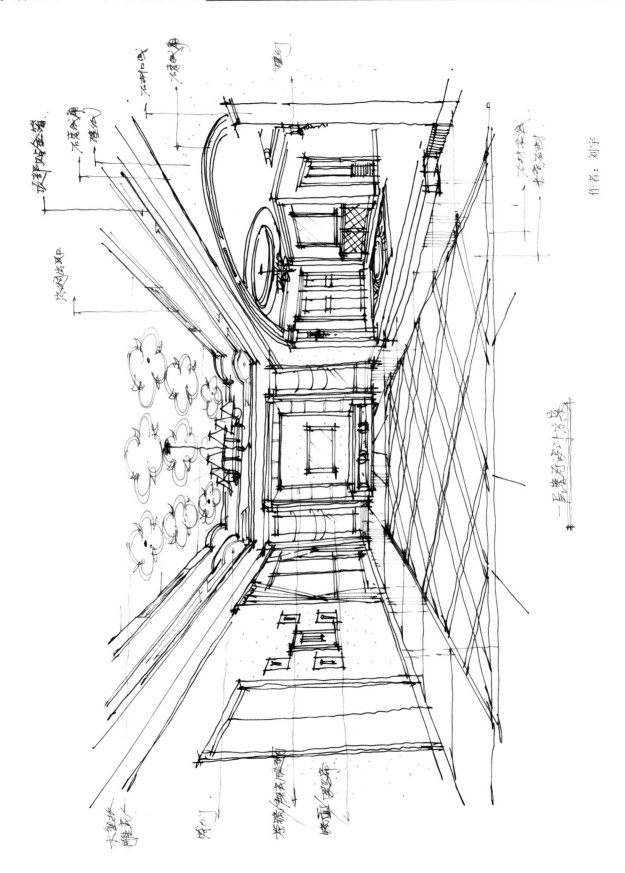

作者：刘宇

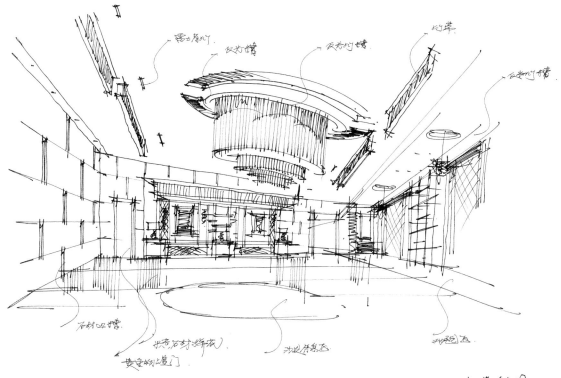

作者：刘宇

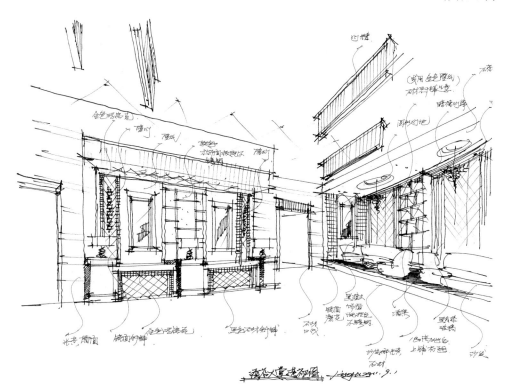

作者：刘宇

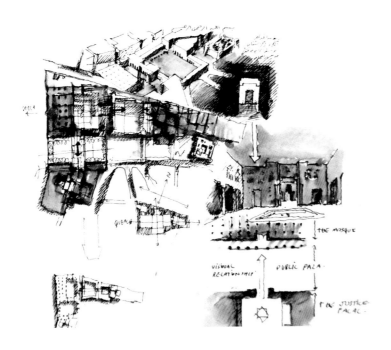

国外手绘草图方案欣赏

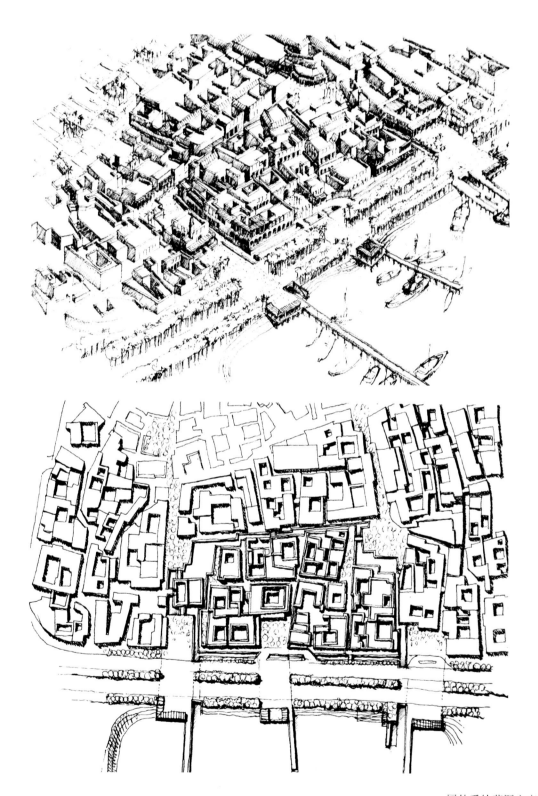

国外手绘草图方案欣赏

国外手绘草图方案欣赏

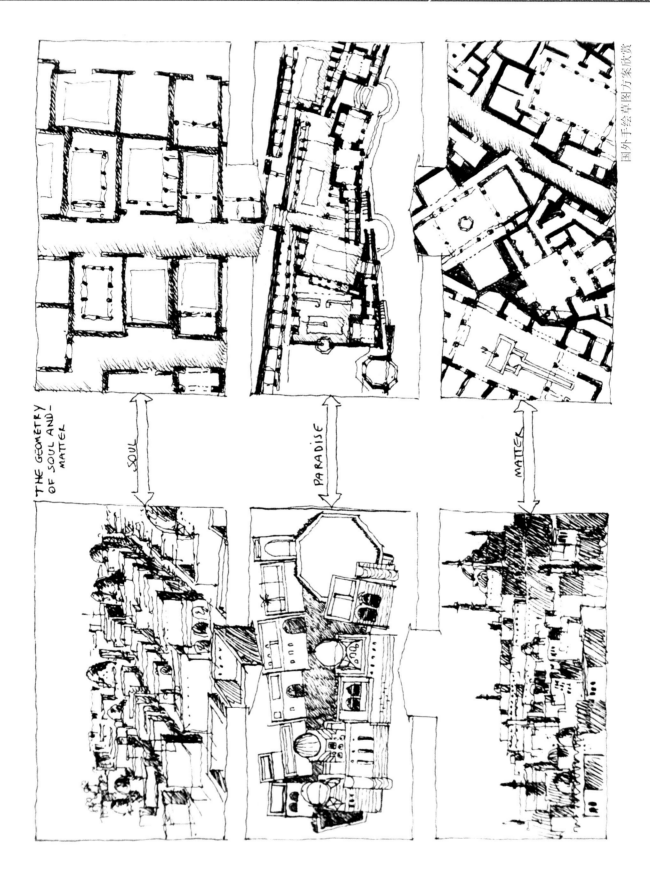

THE GEOMETRY OF SOUL AND MATTER

SOUL

PARADISE

MATTER

DESIGN
AND APPLICATION

04

室内外手绘效果图

刘 宇 编著

INTRODUCTION

第一章　导言

专业表现技法课程的教学意义与目标
- 课程的教学意义
- 课程的教学目标

专业表现技法课程的主要内容与教学要求
- 课程的主要内容
- 教学的要求与考核标准

第一章　导言

第一节　专业表现技法课程的教学意义与目标

一、课程的教学意义

　　专业表现技法课程是高等院校建筑设计专业、艺术设计、工业设计专业的一门必修的专业基础课，此课程对学生掌握基本的设计表现方法、理解设计、深化设计、提高整体的设计能力都具有极重要的作用，因此长期受到在校学生和专业设计人员的重视。它是一个设计师表达自己设计语言最为直接和有效的方法，也是判断设计师专业水准的最有效依据。随着科学技术的快速发展，效果图的表现工具也发生了很大变化，以从原来单一的传统水粉表现发展为多种表现形式共存的局面，特别是电脑软件作图的不断完善，使设计表现的能力大大提高。但是一些青年的设计师过分依赖电脑制作而忽略了对徒手表现能力的训练，把整个设计程序简单地理解为电脑效果图的制作，这种思想和做法对于未来的设计发展是极为不利的。设计过程本身应该是一个合理而科学的体系，一切表现手段都应为其设计内容服务，而手绘表现方式应是贯彻整个设计过程的始终，为解决设计问题提供有效而快捷的方法。所以说从社会实际的需要与学生发展现状两方面来看，使学生明确学习手绘效果图技法课程的意义是十分重要的，同时从实际操作角度出发，结合教学全面提升学生设计表现的手绘能力不仅对于他们掌握手绘效果图技法具有促进作用，而且对于学生今后在设计创作实践中不断加强完善设计方案的能力也具有十分重要的意义。

二、课程的教学目标

　　专业表现技法课是一门以教授各类专业技法为主的专业基础课，它是学生从基础绘画课程向专业设计课程过渡的一门必修课。作为今后要从事设计专业的学生，不仅要了解表现技法的相关知识，更要能熟练地运用各种技法为实际设计项目服务。本书根据教学大纲的要求与实际操作的需要确定了课程的教学目标。首先要从理论框架上全面地了解认识有关表现技法的知识，其次通过不同技法的分类讲解、步骤图分析与优秀作品的分析，使学生们能熟练地运用钢笔、铅笔、马克笔、水粉等工具、材料进行效果图的绘制。同时加强快速设计分析与设计方案预想图的表现能力，为全方位提升设计水平打下良好的基础。

第二节 专业表现技法课程的主要内容与教学要求

一、课程的主要内容

为了使学生更全面和深入地学习专业表现技法，本课程由理论知识、技法学习和作品评析三部分组成。第一、二章为基本理论知识环节，第三章至第八章则全面介绍手绘表现技法的相关知识。其中第三章介绍了效果图的构成要素与表现类型，第四章介绍了效果图的表现原则与绘制程序，第五章分析了学好手绘图应具备的前提条件，第六章至第八章则全面地介绍了快速草图技法，马克笔、彩色铅笔、水粉、水彩等多种材料的表现技法。第九章将全面点评各类优秀的表现图，分析它们的利弊所在。

在讲授专业表现技法课时应着重训练学生对三维空间的塑造能力，并锻炼学生通过不同视角来推敲分析形体的能力，同时还要强化学生对不同光环境及特殊质感的表现能力。由于此门课程的时间较长，应分阶段训练采取循环渐进的教学方式，每个阶段应有不同侧重点的训练，并根据学生每个人不同的特点采用因材施教的方法。这样才能取得良好的教学效果。

专业表现技法课程整体安排

项目周数	表现技法教学及训练内容	作业要求	学时数
一	1、多媒体课件讲授及作品分析 2、设计草图的技法训练 ①线条组合的练习 ②用线条表现各种材料质感 ③通过线条表现各种家具、灯具 ④用线条表现室内空间结构 ⑤训练线条表现建筑形体及景观环境的能力	在 A4 或 A3 复印纸上用勾线笔绘图20张	8
二	3、马克笔技法训练 ①马克笔的笔触练习 （通过几何形体和单件家具进行笔触训练） ②用马克笔对应实景照片进行色彩及形体归纳、临摹练习。处理好室内的整体感	在 A3 复印纸绘图 5—8 张	12
三	③用马克笔配合水溶彩色铅笔对室内大场景进行技法训练，对室内整体空间气氛的把握能力 ④用马克笔配合透明水色或水彩对建筑及景观进行表现	在 A3 复印纸或特殊纸上绘图 5—8 张	16
四	4、超写实表现技法的训练 根据选择的实景照片，用水粉、水彩相结合的方式进行超写实表现	在 2 号图纸上绘图 1 张	12
五	5、喷绘表现技法的训练 采用喷绘的形式对室内外空间进行表现，同时注重光影环境的塑造	在 2 号或 4 号图纸上绘制 1 张	8
六	6、综合技法的训练运用上述几种表现手法进行综合创作	在 4 开图纸上绘图 1 张	4

二、教学的要求与考核标准

在教学中要求学生要先修一些课程，如：透视原理、设计制图等，同时在训练过程中要强化不同阶段的重点及难点，在每个阶段教学结束之后要进行水平测试，同时应注重学生个性化表现能力及创新意识的培养，对高年级的同学要把表现形式同实践真题训练相结合，加强快题设计的能力。

IO

II

第一章　概述

第二章　概述

第一节　效果图的概念及发展简述

一、效果图的概念

效果图又称设计表现图，它是指通过图像或图形的方式来表现设计师思维和设计理念的视觉传达手段。设计表现图是一种能够使我们准确了解设计方案、分析设计方案并科学判断设计方案的依据。它是对室内外环境设计的一种综合表达，是设计方案实施的预想图，它被广泛地应用于建筑设计、环境艺术设计、工业产品设计、广告展示设计和服装设计中，成为设计程序中必不可少的环节。

二、效果图的发展简述

在不同的时期与不同的范围，效果图有多种称谓，如设计渲染图、建筑画等，而在环境艺术领域较长期以来正确名称则是"建筑表现"（Expression Of Architecture）。然而，随着社会的进步与发展，人们对于建筑空间的要求已从原来相对单一的领域拓展至更加宽泛的领域，其范围已大大扩大。因此"建筑表现"的称谓已不能包含这种现实的要求，由此环境艺术设计表现图（或环境艺术设计效果图）这种包容性更大，也更为确切的名称诞生了。

效果图最初是画家或工匠们手里的设计草图，这些草图是使用者为设计的建筑或室内装饰所绘制的方案图，以给施工者在施工时具有明确的目标与要求。由于是具有绘画专业水准的设计师所作，因此，这些图除了具有说明性外，同时还具有很强的观赏性。早期的建筑画是用蘸水笔画在羊皮纸上，或用钢钎在铜板上刻，经腐蚀处理绘制成铜版画。到了16世纪时，出现了在纸张上作图的水彩颜料，使建筑表现图在表现形式上得到了扩展，并且在欧洲得到迅速的普及。这个传统与方法一直持续到今天，作为建筑设计专业、环境艺术设计专业以及视觉传达设计专业与工业设计专业必修的专业基础课程。

建筑画由于在西方已经历了几个世纪的历程，在文艺复兴前后，西方美术家与建筑家的划分是不十分明确的，因此曾产生了许多建筑装饰的绘画大师，如达·芬奇、米开朗琪罗等都曾用素描设计表现过宏伟的大教堂。西方新建筑运动兴起后，出现了一批现代建筑师，他们在职业创作中，使建筑绘画逐渐脱离了纯美术绘画行列，步入工程设计领域，直接为工程设计服务，因而形成了一个独立的画种。现代美国著名建筑师莱特、文丘里、格雷夫斯也都擅长以彩色铅笔表现的建筑画，在设计艺术创作的道路上，他们往往是遵循着从自然到绘画，再走向建筑的过程。

从中国古典建筑发展的历史看，尽管没有明确意义的"建筑表现图"，然而，建筑设计师的构思草图以及最初的设计全景图从某种角度讲就是具有效果图意义的"建筑表现图"。另外，在中国传统的绘画里，与建筑画相关的内容则非常的丰富多彩，如河北平县出土的战国时期的《中山王陵兆遇图》就是以金线镶嵌在石板上形成的建筑画。春秋时代的漆器残片上，也画有台榭的建筑形象。还有汉代的画像砖、石刻艺术中都有许多建筑样式或室内陈设的图形。宋代张择端所绘的《清明上河图》则十分详细地展现了当时的建筑形式和社会生活，通过风俗画的形式表现了建筑与人的关系。明清时期的园林题材作品则不胜枚举，这些作品在表达上以线为主，大都绘制在宣纸或绢上，呈现了独特的东方文化的表现风格。

第二节　效果图的作用及意义

设计效果图是一种能够形象而直观地表达室内外空间结构关系、整体环境氛围并具有很强的艺术感染力的设计表达方式。它在工程投标及设计方案的最后定稿中往往起到了很重要的作用。有时一张效果图的好坏甚至直接影响到该设计方案的审定。因为效果图提供了工程竣工后的效果，有着先入为主的作用，所以一张准确合理且表现力极强的优秀效果图有助于得到委托方和审批者的认可与选用。

效果图的平面表现方式与其他表现方式（如模型制作、3D动画制作）相比，它又具有绘制相对容易、速度快、成本低等优点，因此这种方式也已经成为建筑设计、环境艺术设计等领域最受欢迎并广泛使用的手段。它也是设计师之间沟通设计思路最为有效的途径。我们可以把效果图的实际作用归纳为以下两点：

效果图的作用及意义

第一点： 效果图是整个设计环节中重要的组成部分，为设计方案的确定和修改提供了最直观的依据。建筑设计和环境艺术设计都是复杂而综合的工作，作为设计师在接受设计任务时，首先要在思想上尽快了解设计内容与意图，并且对设计造型与整体风格形成一个统一的设计构思，然后按照先整体后局部的模式，先考虑对象的外部造型和环境再对其内容和细节进行构思，从设计初级阶段开始用设计草图的方法进行平面、立面分析，然后利用马克笔、彩色铅笔结合的方法进行空间推敲，对灯光、材质等细节进行表现，在对所有设计要素进行全面分析后可以绘制大场景的设计效果图，然后我们与委托方进行方案的沟通，对设计构思进行补充与完善，在此过程中设计师的设计理念也是不断完善和发展的。我们也可以利用手绘表现图的方式进行方案的修改与调整，所以说整个设计的各项环节都是由表现图来贯穿的，它可以从多角度更直观地来分析对象，发现并解决问题，我们也可以利用多种表现形式来实现多样化的设计风格。正确地理解设计表现图的作用，将促进整个设计过程的一体化，并将使设计对象的使用功能、色彩形象、内部和外部造型、环境和装饰等方面的构思更为统一。

第二点： 效果图是专业设计师与非专业人员沟通最好的媒介，对于设计思路的统一及设计方案的最终确定起到了重要的作用。设计是一项非常专业的工作，设计师以自己超凡的艺术想象，结合严密的逻辑思维，借助各种丰富而专业的知识，构建起具体设计方案。方案是从梦想向现实迈进的一个重要过程，是设计师思维最为艰辛和复杂的阶段，这里既有形象的推敲，又有逻辑的思辨。然而，各种平、立、剖面图尽管能准确与完整地反映出设计对象的基本形态，但由于它过于专业，具有一定的抽象性，还是难以表达出人们对它的直接感受，设计师借助于透视效果图来表达自己的艺术想象和创造力，所以它是设计师构思反映的主要工具。在设计师完成设计方案后，效果图承担起与外界沟通交流的媒介"职责"。对非专业人士来说，形象化的表达是最容易理解的，而内涵丰富具有艺术感染力，能够完整体现设计师丰富想象力与各方面文化修养的效果图，使人有一种身临其境的真实感，也是最易打动人心的，由此对决策必然会产生一定作用。所以在现在的竞标和送审方案中，效果图表现就成为了设计者十分重视的一个环节，一幅出色的效果图是既能起到实用的分析推敲作用，又有赏心悦目的艺术价值。但从目前普遍的情况来看，大多数的效果图尚停留在直观的形象表现的浅层次上，少有结合方案的设计构思、内容特色等为基础绘制出有个性的，与方案相得益彰的表现图来。这方面我们与境外的高水平设计公司有很大的差距。因此，一个优秀的设计师，除了要求有广博扎实的工程设计知识外，还必须掌握专业性很强的艺术绘画技法，才能绘制出具有设计创意、文化氛围及理想境界的效果图。

近些年来，随着科学技术的高速发展，新的表现技法、新的材料开发及客户日新月异多样化的要求，已经使效果图的绘制进入了一个新的领域，而且，在经济腾飞发展的今天，它已成为设计交流和设计竞争的重要手段。

第三章 效果图的构成要素与表现类型

INSCAPES

AND

EXPRESSING

STYLES

FOR

ILLUSTRATION

第三章 效果图的构成要素与表现类型

第一节 效果图的构成要素

效果图的构成要素及研究范围

　　效果图的涉及范围十分宽泛，在建筑设计、环境艺术设计、展示设计等方面都得到了广泛的运用，一切与这些内容相关的专业知识都属于我们必须要了解和掌握的范围（如：建筑设计、环境艺术设计中相关的材料特性，室内外空间的划分方法及不同类型空间的营造手法，以及规范的家具、灯饰的标准尺寸等），而最主要的则是要研究与效果图技法有直接关系的内容（如专业透视的画法、明暗与色彩的关系、材料质感的表达、整体光环境的把握、各种相关绘图工具与材料的运用、各种效果图的表现程序等）。

　　构成表现图的基本要素是：设计思维、透视方法、明暗色彩与材质肌理，这四点是基本要素，因此合理、准确、艺术地把握和处理好这些关系是形成具有生命力的优秀表现图的关键。

一、设计思维

　　设计思维是设计师对设计项目的立意与构思，它是整体设计方案的根源。设计的一切工作展开都以此为中心。因此无论采用何种效果图的绘制技法，无论画面所塑造的空间、形态、色彩光影和气氛效果怎样，都应围绕设计立意与构思展开，在设计分析的初期阶段，设计师头脑中的思维是多变和混乱的，设计灵感的火花也是跳跃式出现的。这时构思草图起到了很大帮助，通常设计师的构思要经过许多因素的连续思考才能完成，有时也会产生偶发的感觉意识和意外的联想，甚至一些梦中的幻觉都有意识或无意识地促使设计者从中获得灵感，而这些转念即逝的灵感都需要用设计草图的方式来记录，把点滴的灵感用草图的方式加以整理和分析形成整体空间设计的主线，另外正确地把握设计立意与构思，在表现图的画面上尽可能多的传递出设计师独特的设计思想与目的，创造出符合设计本意的最佳效果，这是学习效果图技法的首要着眼点。

　　在当今的社会中许多专业设计师都埋头于对技术知识、结构构造的钻研，而忽略了对自身艺术功底和艺术修养的培养，当然前者是设计师所应具备的基本技能之一，我们不能忽视它的重要性，而后者我们更加不能轻视，它是对设计师综合职业素质的一种全方位完善，它能使设计师的作品蕴涵更多的艺术气质，我们应该在满足技术知识的同时，更强调设计思路的艺术表达，不断加强自身的文化艺术修养，培养独特的创意思维和厚重的艺术表现力。

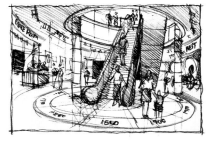

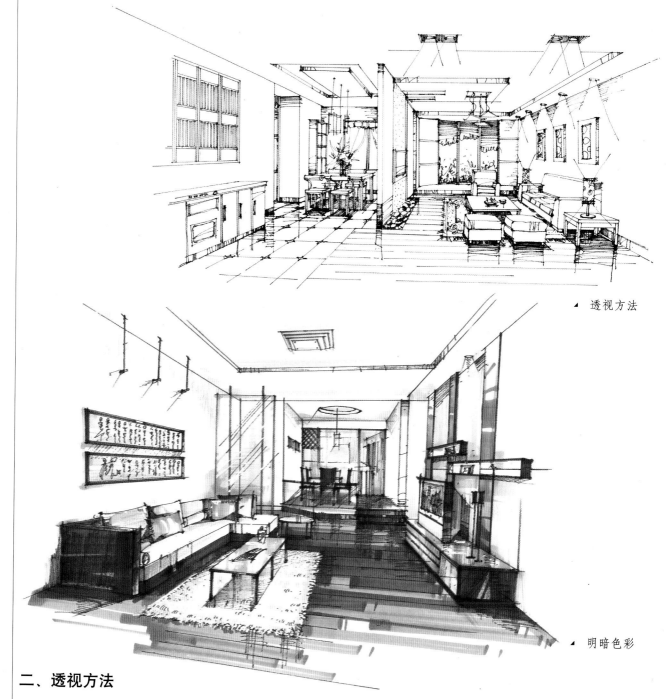

▲ 透视方法

▲ 明暗色彩

二、透视方法

掌握好透视方法是学习好手绘效果图的关键因素，我们在头脑中的一切设计元素都是通过具体的造型呈现在图面上的，而这些造型的大小、比例、位置都需要通过科学而严谨的透视求出来，而违背了透视法则的错误的表现方式也必定会带给人错误的理解，因此作为表现图的绘制人员必须掌握正确的透视方法，并且能和设计方案的表达完美地结合起来，通过二维空间熟练地绘制三维空间的表现图，并通过结构分析的方法来对各个造型之间的关系进行推敲，使整个图面效果具有空间明确、造型严谨、表现清晰的特点。

三、明暗色彩

透视是以线造型为主的表现手法，但一张血肉丰满的效果图还应赋予明暗和色彩的变化，明暗的黑白灰关系能巧妙地加强画面的层次效果，使其变化的丰富而含蓄。色彩在室内空间起到烘托室内气氛、营造室内情调的作用，通过视觉对色彩的反映作用于人的心理感受从而产生某种联想，而画面的色彩环境会丰富整体画面的气氛，增强视觉冲击力。

効果図的构成要素及研究范围
- 材质肌理

表现图的分类及特征
- 按表现内容分类
- 按表现作用分类

四、材质肌理

人们对于一幅优秀效果图的良好感受源于设计师在其构成空间中物体材质的真实再现，装饰材料的种类繁多，如何在设计中运用好材料并准确地表现出来是设计师整体能力的重要体现，而不同的材质其质感肌理不同表现的手法也差异极大，同时在整体光环境的笼罩下材质受到光源色和环境色的影响也为其表现增加了难度，所以说认真研究与空间环境有关的材质肌理的特点是设计师在绘制表现图时应加强的技能。

第二节 表现图的分类及特征

在环境艺术设计领域中，由于效果图的内容、作用、要求及表现手法都存在着一定的差异，基于不同的角度我们可以将其如下分类。

一、按表现内容分类

按表现内容分类，环境艺术效果图可以分为室内效果图、建筑效果图、景观效果图。室内效果图主要用于室内空间及装饰的设计，从空间构成的形态上看，室内效果图所表现的范围包括：住宅室内空间、商业室内空间、公共室内空间等。建筑效果图主要是研究建筑内部空间与外部造型之间的关系，其目的是为了更直观准确地表达建筑外部空间形态。景观效果图主要是为了更准确详实地表达景观设计方案，主要涉及的内容是广场景观、社区景观、街道景观、公园景观等。

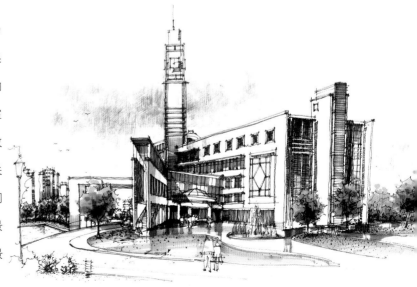

二、按表现作用分类

按照表现作用分类，环境艺术效果图可以分为构思创意草图与效果表现图两类。

构思创意草图是设计初级阶段最常用的表现方法，设计师在设计思考过程中用快速的方式捕捉设计灵感，用大量草图来推敲造型变化，在交流设计方案时也会运用草图对设计方案进行分析，这类草图随意性很强，绘制方法简单、快捷，表现手法多样。

效果表现图是指经过设计师反复推敲分析之后被最终确定方案的效果图，由于已经被设计方确定为正式方案，所以在绘制时往往格外细心，会投入很大精力认真进行绘制，充分表现设计意图，以及空间、材质、照明的最终效果。为施工后的最终效果提供参考的依据。

三、按表现手法分类

　　按表现手法分类，环境艺术效果图可以分为手绘效果图和电脑效果图两类。

　　手绘效果图是一种较为传统的表现形式，其方式贯穿于整个设计过程始终，设计师通过手绘效果图来表达自己的设计构思，完善自己的设计方案，手绘效果图由于表现工具不同也可以分为铅笔、马克笔、水彩、水粉等多种形式。手绘表现图的表现极具个性化，它不仅能反映出设计师的构思想法，也能反映出其艺术的修养，所以一张好的手绘表现图是设计与艺术完美的结合。

　　电脑效果图是通过设计软件的操作运算来进行效果图绘制的一种新方式，现在通常用到的设计软件如3DMAX、Lightscape、Vray……电脑效果图操作程序化、简单化的特点能非常准确逼真地模仿各种材质效果，具有手绘所无法达到的真实效果，但其缺点是过于死板，模式化太强，缺乏个性化的表现，容易形成千篇一律的效果。

第四章 手绘表现图的表现原则与绘制程序

手绘表现图作为一种设计表达方式，它的一个重要特征就是要具有可实施性，设计方案不能只是设计师个人主观的凭空想象和不切实际的纸上谈兵，它必须是艺术表现与现实操作的结合，因此设计表现图应该是严谨而具有逻辑的，同时作为反映设计师思想的表现图则更应该遵循真实性、科学性和艺术性的基本原则。

第四章　手绘表现图的表现原则与绘制程序

第一节　手绘表现图的表现原则

一、真实地反映客观现实

　　表现图比其他设计图纸更具有说明性，而这种说明性就体现在表现的真实性之中。设计项目的决策者都是从表现图上来领略设计构思和工程施工后的效果，所以表现图的效果必须符合设计环境的客观现实，如建筑、环境与物体的空间体量尺度以装饰材料、光线色彩、造型样式等诸多方面都必须符合设计师所设计的要求和效果，而现在许多刚进入社会的年轻设计师为了片面追求画面效果，不切实际地脱离真实尺寸而随心所欲地改变空间限定或完全背离客观的设计内容，而主观片面地追求画面的某种特殊效果，其采用随意扩大空间视角的做法，使空间产生比例上的错觉等做法，因此把真实的放映客观现实作为绘制表现图的第一原则是十分必要的。

二、科学地再现实施效果

　　科学性原则就是为了保证效果图的真实性，避免在效果图的绘制过程中出现随意或曲解，必须按照科学的态度对待画面表现上的每一个环节。科学性原则的本质是规范与准确，它是建立在合理而逻辑的基础之上的。它要求绘制者首先必须要具有科学的态度对待这项工作，要以科学的思想来认识与运用相关学科的知识，以科学的程序与方法来保证这项工作的顺利进行，这是确保效果图体现设计作品真实性与本身科学性的关键。因此无论是起稿、作图或者对光影、色彩的处理，都必须遵从透视学和色彩学的基本规律与作画程序规范，并准确地把握设计数据与设计原始的感受要求。这种近乎程式化的理性处理过程的好处往往是先繁后简、先苦后甜，草率从事的结果就会无从把握原设计的要求，或难以协调画面的各种关系而产生欲速则不达的情况发生，所以，以科学的态度对待效果图绘制工作是确保效果图存在价值的重要条件。当然作为一名优秀的设计师，我们也不能把严谨的科学态度看做一成不变的教条，当你能够熟练地把握这些科学的规律与法则，掌握各种表现技法之后，就会完成从必然王国到自然王国的过渡，就能灵活的而不是死板的、创造性的而不是随意的完成设计最佳效果的表现。

科学性原则是效果图绘画存在的重要条件，它在效果图实现过程中主要体现在以下几个方面：

首先，建筑、环境与展示设计本身就是具有科学性的，效果图同样也应该是这些科学的反映。因此，无论是物体与空间的大小，长宽度的比例，还是具体天顶造型、地板图案、灯具设计以及室内陈设，包括材料质感以及光影的变化等，凡设计中存在的，都应准确、科学、真实地在效果图中反映出来。其二，效果图表现的内容与方法也必须是科学的。透视与阴影的概念是科学的，光与色的变化规律也是科学的，空间形态比例的判定、构思的均衡、水分干湿程度的把握、绘图材料与工具的选择和使用等也都无不含有科学的道理。其三，效果图绘制的程序也应该是科学的。效果图的绘制不同于一般的绘画，它必须按照一定的绘制程序与方法进行，如必须先起透视稿，然后进行整体上色，再进一步刻画重点，最后加强光影变化的处理等。这些程序与方法是无数效果图画家长期以来总结的经验，也是这个画种独特的风格与要求，它是确保效果图绘制成功的关键。

三、艺术地表现画面效果

艺术性的原则就是指表现图的绘制必须在尊重设计方案的前提下，根据表现对象的内容不同，所选视点不同及表现手法的不同，用艺术化的方式表现其内在的生命力。

艺术性原则的本质是对创造的理解与表达。建筑、环境艺术与展示设计是一项有关实用空间的艺术性创造。而效果图则是反映这种艺术创造思想最恰当、完美与有效的表现方法，因此，效果图的绘制必须在充分理解设计意图后进行，这样不仅可以完美地反映设计创意的艺术价值，同时又体现了效果图本身所具有的艺术魅力。

具有高超艺术性表达的效果图作品不仅吸引人，同样也能成为一件赏心悦目且具有较高艺术品位的绘画艺术作品，因此，许多优秀的效果图作品成为了我们艺术的经典。近年来，成功地举办过若干建筑及室内效果图的比赛和展览或出版的画册得到普遍的赞赏就是证明，一些收藏家与业主还将效果图当做室内陈设悬挂于墙上，这都充分显示了一幅精彩的效果图所具有的艺术魅力。自然，这种艺术魅力必须是建立在真实性和科学性基础之上的，也必须建立在造型艺术严格的基本功训练的基础之上。所以，要成为一名绘制效果图的高手，并使其作品具有较高的艺术性，首先，它必须要具有一定的人文知识与专业设计知识，这是他理解设计与创造的基础。一幅效果图作品艺术性的强弱，取决于画者本人对设计的理解与艺术素养及气质。不同手法、技巧与风格的效果图，充分展示出作者的个性，每个画者都要以自己的灵性、感受去解读设计图纸，然后用自己的艺术语言去阐释、表现设计的效果，这样才使效果图变得五彩纷呈、美不胜收。其二，他必须掌握高超的造型与色彩的处理方法。绘画方面的素描、色彩的表现技术，构图、质感、光感的空间气氛的营造，点、线、面构成规律运用于视觉图形的感受等方法与技巧的运用，必然大大地增强效果图的艺术感染力。在真实的前提下，合理的适度夸张、概括与取舍是必要的。罗列所有的细节只能给人以繁杂、不分主次的面面俱到，只能给人以平淡。选择最佳的表现角度、最佳的光色配置、最佳的环境气氛，本身就是一种在真实基础上的艺术创造，也是设计自身的进一步深化。

效果图的艺术性同时还体现在作品的个性化特征方面。一件有个性魅力的作品是最能打动人心的，个性是一个没有捷径或方法可以传授的内涵语言，作品的个性是作者本身个人风格的自然流露。当然，这种"自然流露"并不是每个人自身性格的任意直白，而是艺术家通过刻苦的磨炼，将自己的性情、爱好、修养升华为艺术情态，再融进作品之中。所以，作为一名成熟的效果图画家，其艺术风格的多样性都不是通过刻意去追求而得来的，而是其修养与技术综合的体现。效果图的最高艺术境界就是画家在作品中挥洒出自己的心意韵趣，虽然它描绘的是客观实景，但从其所描写的对象环境空间中，使其体会到画面本身都是作为一种艺术形式而存在的。所以，今天我们学习效果图绘画的意义就不仅在于表现构思，还有一个潜移默化的作用就是提高我们的艺术修养。设计师的职业之所以受人尊敬，是因为他的创造力和想象力是建立在渊博的文化知识、细心的生活体验和良好的艺术修养上的。

第二节　手绘效果图的绘制程序

绘制手绘效果图要遵循一定的程序，掌握正确科学的程序对表现图效果的提高有很大的帮助，同时也可以提高绘图的速度和质量。

一、设计构思阶段

在绘制效果图之前首先要解决设计构思的问题。对于设计的基本方案应有整体的规划，包括平面布局的空间划分、空间形态的组织、室内造型的形态变化、整体色彩的布局与搭配、装饰材料的选择与工艺要求等细节都应考虑周到。我们经常会看到许多学生盲目地进行绘图，边画图边设计，在画面上涂改多遍，严重影响了

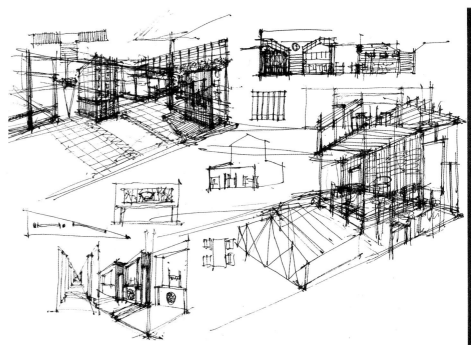

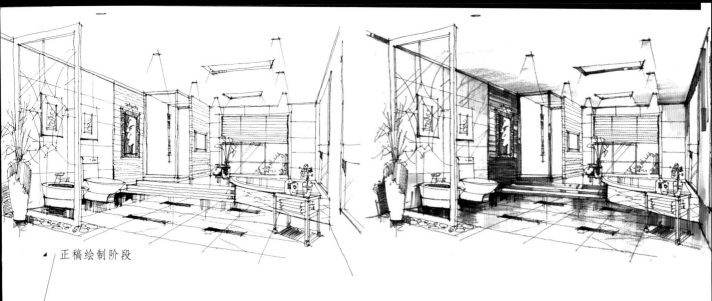

▲ 正稿绘制阶段

画者的情绪和表现图的质量。我们提倡的最好做法是先设计后画表现图，先把设计的主要问题解决，作到心中有数、胸有成竹再开始进行效果图的表现。当然这两者之间的关系也不是完全割裂开的，在进行前期设计工作时我们提倡多用草图的方式进行推敲，草图是进行设计方案沟通的最有效的方式之一，它的具体作用和表现形式我们在第六章会着重讲述。我们设计方案整体构思确定后要选择表现图的最佳表现方式，首先要解决构图问题，根据要表现的内容主次关系及视角的角度来确定构图的方式。我们可以利用多种构图方式，例如：平行透视、成角透视、三点透视、鸟瞰透视等方式来表现设计创意，同时还要考虑到画面的前后空间关系及虚实的变化。其次要考虑的是画面中的明暗关系，影响明暗变化关系的有两方面因素，其一是光线的照射方式，光线的照射方式很多有以天光为主的自然照明方式，也有以室内灯具为主的人工照明方式，光照的情况决定了室内的不同气氛和空间明暗变化；其二是所选用的装饰材料及家具饰品的材质特性，不同的材质有其自身的特点，木质材料天然而质朴，玻璃材料光亮而透明，金属材料坚硬而冰冷，纺织品材料细腻而松软，其不同的特性构成了其不同的固有色和反光度，所以说光照的形式和材质的特性在很大程度上决定了室内的明暗关系。最后我们要选择适当的工具来绘制效果图，绘制表现图的工具有许多种，其方法与效果也各不相同，我们要根据表现的要求来选择工具，并发挥其特点来充分满足不同的画面效果。铅笔草图的表现速度快，但概念方案性太强缺乏细节的处理，水粉写实的表现图十分逼真，但不易修改，马克笔和彩色铅笔相结合的表现图快捷而生动，但缺乏对光感的刻画能力，所以说，我们应认真分析其特性，选择最适当的表现手段来满足我们的表现目的。

二、正稿绘制阶段

正稿的绘制是整个绘图的中心环节，绘图不断深入的过程也是设计自身不断完善的过程，在正稿绘制阶段我们也要从三个方面来分析。

第一方面：底稿的绘制。底稿我们多用H、HB的铅笔来完成，如果绘图者基本功熟练，画面控制能力强，也可以用勾线笔直接起稿，但我们建议初学者绘制前最好用拷贝纸，拷贝底稿并准确地画出物体及室内空间的轮廓线，再选用不同的描图笔进行绘制，这样可以减少涂改的次数，同时保证画面的清洁。

第二方面：逐步着色阶段。着色阶段应根据先整体后局部的方式来进行，先确定画面的整体色调，绘制整体的环境气氛，要作到：整体用色准确，落笔大胆，以放松为主，局部小心细致，行笔稳健，以严谨为主，采用层层深入的绘制方式。

第三方面：质感的表现。质感的准确绘制是效果图的重要因素之一。在大色调准确表现之后，要利用小笔触刻画细节来表现质感的特性，尤其是要刻画在光照环境下的质感变化，特别是一些反光物体的刻画要做到准确到位，这样才能大大提升画面的效果。

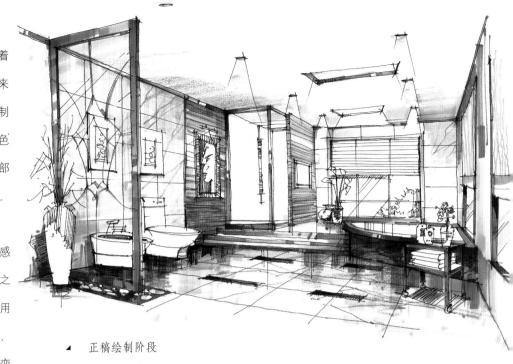

▲ 正稿绘制阶段

三、后期的调整阶段

我们要根据表现图的不同表现手段来进行后期调整，在大效果基本不变的情况下做局部的刻画处理，要尽力突出表现的重点和细节，但不要面面俱到，同时要注意图面边缘线的处理，需在完成前予以校正，在表现图整体绘制好后，再根据其绘画风格和色彩选定装裱的手法。

▲ 后期的调整阶段

表现技法课程主要是对专业技能进行培养和训练，但一张效果图却是绘画技法和设计水平的综合体现，我们不能一味地强调技法而忽略了内在的设计思想，同时我们应在学习中不断尝试和总结一些新的表现手段，多从其他优秀表现图上吸取他人优点，在表现技能日臻完善的同时努力提升自己的设计水平。

the
preparations
of
hand-drawing
expressing
skills
learning

第五章　学习手绘表现技法的基础准备

"透视" (perspective) 一词的含义就是透过透明平面来观察景物，从而研究物体投影成形的法则，即在平面空间中研究立体造型的规律。因此，它即是在平面二维空间上研究如何把我们看到的物象投影成形的原理和法则的学科。透视学中投影成形的原理和法则属于自然科学的范畴，但在透视原理的实际运用中确实为实现画家的创作意图、设计师的设计目的而服务。所以我们在了解透视原理的基础上更要掌握艺术的造型规律，使二者科学地结合起来。

透视学是一门专业的学科，它是我们学习效果图技法之前就应该已经掌握的一门学科，因此，有关透视的全面知识在这里我们不进行详细的介绍，而是将一些相关的重点内容在做一些提示。

第五章　学习手绘表现技法的基础准备

第一节　透视图的基本原理

一、透视的基本概念名称

为了研究透视的规律和法则，人们拟定了一定的条件和术语名称，这些术语名称表示一定的概念，在研究透视学的过程中经常需要使用。

常用术语：现结合例图介绍一些透视的常用名称。

(1) 基面 (GP) ——放置物体（观察对象）的平面。基面是透视学中假设的作为基准的水平面，在透视学中基面永远处于水平状态。

(2) 景物 (W) ——描绘的对象。

(3) 视点 (EP) ——画者观察物象时眼睛所在的位置叫视点。它是透视投影的中心，所以又叫投影中心。

(4) 站点 (SP) ——从视点作垂直于基面的交点。即视点在基面上的正投影叫立点，通俗地讲，立点就是画者站立在基面上的位置。

(5) 视高 (EL) ——视点到基点的垂直距离叫视高，也就是视点至立点的距离。

(6) 画面 (PP) ——人与景物间的假设面。透视学中为了把一切立体的形象都容纳在一个平面上，在人眼注视方向假设有一块大无边际的透明玻璃，这个假想的透明平面叫做画面，或理论画面。

(7) 基线 (GL) ——画面与基面的交线叫基线。

(8) 视平线 (HL) ——视平线指与视点同高并通过视心点的假想水平线。

(9) 消灭点 (VP) ——与视线平行的诸线条在无穷远交汇集中的点，亦可称消失点。

(10) 视心 (CV) ——由视点正垂直于画面的点叫视心。

二、透视图分类

透视图一般分为四种：一点透视、二点透视、三点透视和轴测图画法，我们下面分别进行介绍：

一点透视

一点透视也叫平行透视。一点透视如图所示，其特点是物体一个主要面平行于画面，而其他面垂直于画面。所以绘画者正对物体的面与画面平行，物体所有与画面垂直的线，其透视有消灭点，且消失点集中在视平线上并与视心点重合。这种一点透视的方法对表现大空间的尺度十分适宜。

一点变两点斜透视。还有一种接近于一点透视的特殊类型，即水平方向的平行线在视平线上还有一个消失点。这种透视善于表现较大的画面场景。一点透视纵深感强，表现的范围宽广，适于表现庄重、严肃的室内空间。因此这些透视法一般用于画室内装饰、庭园、街景或表达物体正面形象的透视图。但其缺点是比较呆板，画面缺乏灵活变化。

二点透视

二点透视也叫成角透视，是指物体有一组垂直线与画面平行，其他两组线均与画面成某一角度，而每组各有一个消失点。因此，成角透视有两个消失点。由于二点透视较自由、灵活，反映的空间接近于人的真实感受，易表现体积感及明暗对比效果，因此，这种透视法比较多的使用在室内小空间及室外景观效果图的表现中。缺点是如果角度选择不好容易产生视觉变形效果。

透视图的基本原理
■ 透视图分类

绘画造型的基本能力
■ 素描基础

三点透视

三点透视，又称"斜角透视"，物体倾斜于画面，任何一条边不平行于画面，其透视分别消失于三个消灭点。三点透视有俯视与仰视两种。三点透视一般运用较少，适用于室外高空俯视图或近距离的高大建筑物的绘画。三点透视的特点是角度比较夸张，透视纵深感强。

轴测图画法

轴测图画法是利用正、斜平行投影的方法，产生三轴立面的图像效果，并通过三轴确定物体的长、宽、高三维尺寸。同时反映物体三个面的造型，利用这种方式形成的图像称为轴测图。

在实际设计中用尺规求作透视图过程复杂，费时较多，一般我们会采用直接徒手绘制透视图，但要求制图者有较强的基本功，能对透视原理进行熟练的应用，在进行徒手绘制时要先确定画面中的主立面尺寸，并选择好视点，然后引出房屋的顶角和地角线，在刻画室内造型及家具时，要从画面的中心部分开始画，并且尽可能的少绘制辅助线，而要学会通过一个物体与室内大空间的比例尺度推导出其他物体的位置和造型，同时要学会把握整体画面关系，在复杂的变化中寻找统一的规律。

素描是造型艺术的基础，也是绘画艺术、建筑设计、室内设计等学科进行训练的基础课程，而室内表现图又是室内设计中重要的表现手法之一。它与绘画艺术表现既有很大的区别，又有一定的联系。由于实际应用的功能性，要求它在表现上不仅要忠于实际的空间，又要对实际空间进行精练的概括，同时还要表现出空间中材料的色彩与质感；表现出空间中丰富的光影变化。

第二节　绘画造型的基本能力

在室内效果表现图的几个要素之中，比较重要的就是素描关系。素描是塑造形体最基本手法，其中的造型因素有以下几个方面。

一、素描基础

（一）构图的基本原则

构图意指画面的布局和视点的选择，这一内容可以和透视部分结合来看。构图也叫"经营位置"，是设计表现图所绘制的重要组成要素。

表现图的构图首先一定要表现出空间内的设计内容，并使其在画面的位置恰到好处。所以在构图之前要对施工图纸进行完全的消化，选择好角度与视高，待考虑成熟之后可再做进一步的透视图。在效果表现图中的构图也有一些基本的规律可以遵循。

1. 主体分明：每一张设计表现图所表现的空间都会有一个主体，在表现的时候，构图中要把主体放在比较重要的位置，使其成为视觉的中心，突出其在画面中的作用。比如图面的中部或者透视的灭点方向等，也可以在表现中利用素描明暗调子把光线集中在主体上，加强主体的明暗变化。

2. 画面均衡与疏密：因表现图所要表现的空间内物体的位置在图中不能任意的移动而达到构图的要求，所以就要在构图时选好角度，使各部分物体在比重安排上基本相称，使画面平衡而稳定。基本上有两种取得均衡的方式：

（1）对称的均衡：在表现比较庄重的空间设计图中，对称是一条基本的法则，而在表现非正规即活泼的空间时，在构图上却要求打破对称，一般情况下要求画面有近景、中景和远景，这样才能使画面更丰富，更有层次感。

（2）明度的均衡：在一幅好的表现图中，素描关系的好坏直接影响到画面的最终效果。一幅好图其中黑白灰的对比面积是不能相等的，黑白两色的面积要少，而占画面绝大部分面积的是灰色。要充分利用灰色层次丰富的特点来丰富画面关系。

绘画造型的基本能力

- 素描基础
- 色彩基础

　　而疏密变化则分为形体的疏密与线条疏密或二者的组合，也就是点、线、面的关系。密度变化处理不好画面就会产生拥挤或分散的现象，从而缺乏层次变化和节奏感，使表现图看起来呆板，无味，缺乏生动的变化。构图的成功与否直接关系到一幅表现图的成败。不同的线条和形体在画面中产生不同的视觉和艺术效应。好的构图能体现表现内容的和谐统一，并充分体现效果图的内在意境。

（二）形体的表现方法

　　一幅表现图是由各种不同的形体构成的，而不同的形体则是由各种基本的结构组成的，不同的结构以不同的比例结合成不同的形体，这样才得以丰富多彩，所以说最本质的是物体的结构，它不会受到光影和明暗的制约。人们之所以能认识物体，首先是从物体的形状入手的，之后才是色彩与明暗，形体与色彩两方面相互依存。形体又基本上以两种形态存在着：一种是无序的自然形态；一种是人造形态，而我们可以把这两种不同的形态都还原为组成它的几何要素，这一点在进行快速表现时是十分重要的，这也是设计师对形体认识的意识转变。所以一些复杂的形体可以以简单几何形体的组合来理解它，把握它。

　　在室内表现图的素描基本训练中，可以先进行结构素描训练，从简单的几何形体到复杂的组合形体，有机形体以单线表现形体为手段。从外表入手，深入内部结构，准确地在二维空间中塑造三维的立体形态。

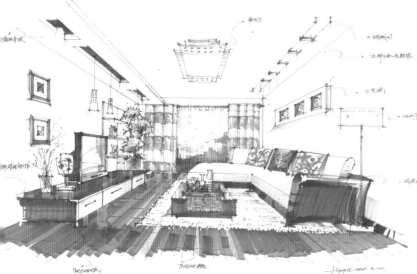

（三）光线的虚实关系

在掌握形体的基础上，为进一步表现空间感和立体感就要加入光线的因素。在视知觉中，一切物体形状的存在是因为有了光线的折射，产生了明暗关系的变化才显现出来。因此，形和明暗关系则是所有表达要素中最基本的条件。然后才依次是由光线作用下的色彩、光感、图案、肌理、质感等感觉。光源分为自然光源和人造光源，而室内表现图一般比较注重人造光源的光照规律。不同的光照方式对物体产生不同的明暗变化，从而对形体的表现产生很大的影响。顺光以亮部为主，暗部和投影的面积都很少，变化也较少。在市内的光源照射下会产生不同程度的冷暖变化，要注重冷暖光源的层次以及不同光照方式的特点。

在表现图中的物体由于光线的照射会产生黑、白、灰三个大面，而每个物体由于它们离光线的远近不同、角度不同、质感不同和固有色不同所产生的黑、白、灰的层次各不相同。如果细分下来物体的明暗可以分成：高光、受光、背光、反光和投影。再用马克笔和彩色铅笔绘图时要注重这种不同光影层次的变化，在做画的过程中，一定要分析各物体的明暗变化规律，把明暗的表现同对体面的分析统一起来。

二、 色彩基础

构成室内的三大要素是形体、质感和色彩。色彩会使人产生各种各样的情感，影响人的心理感受。同样色彩在专业表现技法中也占有十分重要的位置，设计人员需要表现的环境是哪一种色调以及环境中物体的材料、色泽、质感等都需要通过色彩的表现来完成。色彩本身是很感性的问题，所以在运用时需要我们用理性的态度加以把握。色彩会影响人的情绪和精神，运用良好的色彩感觉绘制出来的表现图不仅能准确地表达室内色调及环境，而且能给人创造出愉悦的心理感受。这就需要设计人员不断地学习理论知识并在实践中长期地积累经验。

（一）色彩的对比与调和

根据色彩对比与协调的属性，可以进一步了解色彩的特性。当色与色相邻时，与单独见到这种色的感觉是不一样的，这就是色彩的对比现象。了解和利用这个特点，可以对室内外设计的色彩关系处理起到重要的指导作用。

1．色相对比

　　两种不同的色彩并置，通过比较而显出色相的差异，就是色相对比。例如：红与绿、黄与紫、蓝与橙。类似这样的两个色称为补色。补色相并置，其色相不变，但纯度增高。

2．明度对比

　　明度不同的两色并置，明度高的色看起来越发明亮，而明度低的色看起来更暗一些，像这样明度差异增大的现象就是明度对比。在室内设计中，突出形态主要靠明度对比。若想使一个形态产生有力的影响，必须使它和周围的色彩有强的明度差。反过来讲，要削弱一个形状的影响，就应减弱它与背景的明度差。

3．纯度对比

纯度不同的两个色相邻时，将形成明显的反差。纯度高的色更显得鲜艳，而纯度低的色则更显暗浊。室内设计中所用的材料，其颜色大都是不同程度含灰的非饱和色，而它们的颜色在纯度上的微妙变化将会使材料产生新的相貌和情调。

（二）色彩在室内设计中的作用

1．烘托室内气氛，营造室内情调

通过视觉对色彩的反映作用于人的心理感受，从而产生某种联想，引起感情方面的变化。不同的色彩能营造不同的室内气氛和室内情调，从而让人产生不同的心理感受。如：

白色——明确、单纯、明朗。

黑色——严肃、沉稳、凝重。

灰色——中性、单调、均衡。

红色——热烈、活力、注目。

橙色——温和、快乐、甜美。

绿色——安全、自然、和睦。

紫色——典雅、神气、高贵。

蓝色——寒冷、纯净、广阔。

我们可以运用色彩的象征性来控制表现图的色调，有目的的强化色彩倾向，调节表现图的室内气氛。

建筑及室内装饰材料的相关知识

2．吸引或转移视线

通过色彩对比的强弱，来吸引观察者的视线是常用的手法之一。在室内突出的重点部位，可以强化其色彩对比，多运用补色增强视觉冲击力。在室内空间分割或转折的部位也可以运用色彩加以分割，表明空间的特定局域性，使空间有较强的整体感。

3．调节室内空间的大小

人们对色彩的感受是靠眼睛作用获得的，是一种生理现象。不同波长的色彩会形成不同的色彩感觉，波长较长的暖色具有扩张和超前感，会使一定的室内面积增大；而波长较短的寒色具有收缩性和滞后感；处于中等波长的色彩则具有中间感觉，有一种稳定感。学习并运用好色彩的空间作用，对于预想效果图的绘制与表现具有很好的指导意义。

4．材质肌理的表现

在构成室内空间的诸多要素之中，肌理是不可忽视的内容。因各种材料表面的组织结构不同，吸收与反射光的能力也各不相同，所以必将影响到材料表面的色彩。表面光洁度高的材料，如大理石、花岗岩和抛光瓷砖，其反光能力很强，色彩不太稳定，其明度与纯度都有所提高。而粗糙的表面反光率很低，如毛面花岗岩、地毯以及纺织面料色彩稳定。可表面粗糙到一定程度之后，明度和纯度比实际偏低。因此，同一种材料由于其表面肌理不同，进而引起颜色的差异。肌理可分为视觉肌理和触觉肌理两种。视觉肌理能引起人们不同的心理感受。例如，丝绸面料给人以柔软、华贵的色彩感觉，西班牙米黄大理石给人以亲切和富丽的色彩感觉。红橡木和枫木给人以淳朴而温暖的自然美，黑胡桃木则给人以坚硬、凝重的感觉。

素描基础和色彩基础是设计人员艺术能力的体现，这些都需要较长时间的积累，同时要在实践训练中不断加强自身艺术修养。

第三节　建筑及室内装饰材料的相关知识

装饰材料是设计的一个重要方面，也是效果图所牵涉到的一个重要表现环节，然而它的表现却常常被绘图者所忽略。其实建筑装潢材料知识是每一个从事效果图绘制的人员必须具备的基本知识，因为效果图所表现的设计对象是必须要通过具体的媒介来实现的，而建筑装饰材料就是建筑设计、环境艺术设计与广告展示设计中主要与常用的材料，因此，了解与掌握建筑装饰材料的基本知识，如材料的种类、名称、性能与视觉特点等，对准确地进行效果图画面的材料描绘，真切地进行绘制表现具有切实的作用。

由于效果图所表现的材质是具有一定范围性的，主要为木材、石材、陶瓷、玻璃、金属、纺织品等，而表现效果图的技法又具有程式化特点，根据观察分析与长期研究总结，我们发现效果图的质感表现是具有它自身规律性的，这些具有规律性的方法为我们有效地进行效果图的质感表现提供了方便。

建筑及室内装饰材料的相关知识

一、地面的表现

　　地面因材质不同、光源照射的角度不同会给人以不同的感觉，一般有亮光与哑光之分，通常以平涂、渲染等方法来表现不同质感的地面。在亮光的地面可强调光影的表现，集中刻画光影对地面的影响；亚光的地面，可强调瓷砖之间色彩变化与明度变化，及表面的纹理变化。在绘制时都应采用薄画法，表现地面反光较强的特点，特别要注意不同光照形式在地面上的反光变化。

二、玻璃的表现

　　玻璃的主要特点是透明，边角很硬，在表现时可以和旁边的东西一起画，然后画亮边线。若反光很强的玻璃，则强调周围的物体对它的反射，画出很强的反光即可。如玻璃上有图案，则先画出玻璃上的图案，再画玻璃的分缝线和边框。同时要注意物体在玻璃反射下的形体变形问题。

三、石材的表现

石材的常用饰面材料有天然大理石、花岗岩、板岩等。经过加工之后的石材表面上有深浅不同的纹理，表现时可先铺底色再画光洁的石材反光、倒影，然后画出石材的拼缝线、石材的纹理即可。在组织纹理时，应注意纹理的变化方向和透视效果，切不可随意乱画，否则影响画面的整体气氛。

四、木材的表现

木质材料一般有明显的纹理变化，所以只要抓住纹理的变化就可以画出木质材料的特点。一般也是先铺底色，从浅到深，从亮部到暗部，注意体面变化，然后画上木材的纹理，再画出形体边线，点出高光即可。对于木器家具的表现，则一定要抓住木器家具漆面细腻、柔美的特点。

五、不锈钢材质的表现

　　不锈钢表面的特点是反射能力强，有很刺眼的高光，并有很强的反射光。因此最亮与最暗的颜色并置，所以反光多，形体感觉不强。如物体是圆面的，就需要确定光源，区分亮暗部的色彩，然后按形体变化组织笔触，将形体表现出来。圆柱形金属物体的特点是高光过去马上就是暗面，抓住这个特点，一笔亮、一笔暗地画下去就可画出质感效果，同时要把笔触与反光的特点结合起来，笔触随形体的变化而变化。在画的过程中，应注意形体整体的明暗变化，不要画平、画花了。

六、织物的表现

　　织物的特点就是高光少、反光弱，形态自然，所以表现织物应注意形体的变化。大的形体变化分开后，要注意织物上的肌理变化和图案变化，利用图案变化区分出形体变化。对于窗纱等轻柔物品，可以用湿画法画大的色彩关系，再用干画法提出亮部与结构，这样可以比较容易地画出轻柔的织物感觉。对于织物特点应多观察，特别是织物受光源的影响而产生的变化只有通过反复实践才能掌握各类织物特点，画好织物。

第六章　快速草图的表现技法

第六章　快速草图的表现技法

第一节　草图的概念与表现力

一、草图的概念与作用

　　绘制草图的根本目的是为高效而快捷地完成设计方案服务。设计草图作为一种具有设计创意的绘画表现形式，它直观地表达设计方案的作用，同时它还是整个设计环节中一个重要的组成部分，具有重要的地位，也是各方相互之间沟通设计的一个重要途径。随着社会进步，现代设计业也得到了快速的发展。在现代社会节奏不断加快的形势下，只有提高设计效率才能取得成功，相反就会失去竞争力。在建筑设计、环境艺术设计、展示设计专业的范畴中，不论立意构思，还是方案设计，以及绘制效果图，都要求在最短时间内完成。常规的建筑画，尤其渲染上，虽然可以把内容表达得十分充分，但在效率上明显缺乏优势，而草图作画快捷，易出效果，不仅满足了上述要求，同时，快速的设计表达能力在设计方案的初期发挥着明显的优势，在业务洽谈中所发挥的记录、沟通等方面的作用，在业务的竞争中具有特别的价值。因此，快速草图作为效果图绘画中的一种方式，它是设计时代的产物，也是效果图发展的产物，它正在发挥着越来越重要的作用，深受建筑设计、环境艺术设计、广告展示设计专业工作者的普遍欢迎，在当今是一种必备的基本能力。

　　设计草图根据作用不同可分为两类：一类是记录性草图，主要是设计人员收集资料时绘制的；一类是设计性草图，主要是设计人员在设计时推敲方案、解决问题、展示设计效果时绘制的。

设计草图有四大作用：

1. 资料收集： 设计是人类的创造性行为，任何一种设计从功能到形态都可以反映出不同经济、文化、技术和价值观念对它的影响，形成各自的特色和品牌，市场的扩大加剧了竞争，这就要求设计者要凭借聪慧的头脑和娴熟的技能，广泛地收集和记录与设计有关的信息和资料，运用设计速写既可以对所感知的实体进行空间的、尺度的、功能的、形体和色彩的要素记录，同时也可以运用设计速写来分析和研究他人的设计长处。发现现实设计的新趋势，为日后的设计工作积累丰富的资料。

2. 形态调整：设计者在确立设计题目的同时，就应对设计对象的功能、形态提出最初步的构想，如家具的功能不变，可否改换其材质，以适应家具的造型要求，这就需要有多种设计方案保证家具功能的实现，还要考虑到形态的调整是否会对家具的构造产生影响，这一阶段的逻辑思维与形象思维的不断组合，运用设计速写便可以将各种设计构想形象快捷地表达出来，使设计方案得以比较、分析与调整。

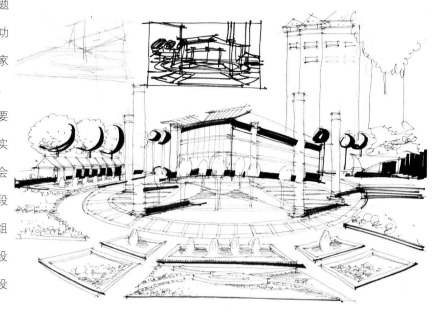

3. 连续记忆：通常设计师对一件设计商品的构思、设计要经过许多因素的连续思考才能完成，有时也会出现偶发性的感觉意识，如功能的转换，形态的启发，意外的联想和偶然的发现，甚至梦中的幻觉都有意识或无意识地促使设计者从中获得灵感，发现新的设计思路和形式，此时只有通过设计速写才能留住这种瞬间的感觉，为设计注入超乎寻常的魅力。

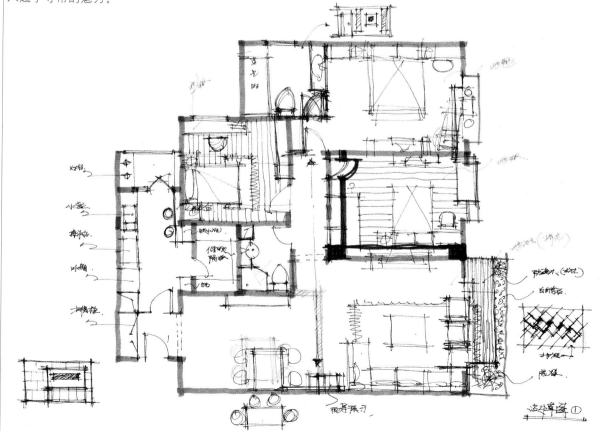

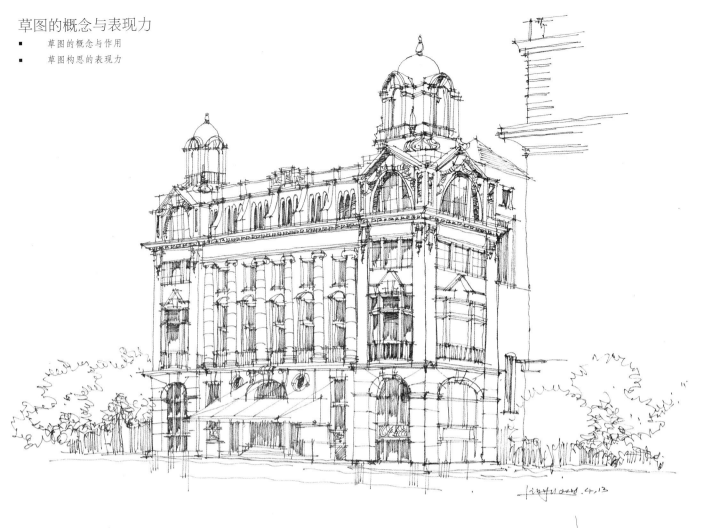

4．形象表达： 设计师对物体造型的设计既有个人意志的一面，又有社会综合影响的一面，需

要得到工程技术人员的配合，同时也需要了解决策者的意见和评价。为了提高设计的直观性

和可视性，增加对设计的认识，及时地传递信息、反馈信息，设计速写是最简便、最直接的

形象表达手段，是任何数据符号和广告语言所不能替代的形象资料。

二、草图构思的表现力

　　绘制快速草图还必须具备以下三个方面的特征，即表现快捷省时、效果概括明确、操作简单方便。达到这三点要

求，才具备了快速表现图的特点。

1．表现快捷省时

　　所谓快速是一个相对的概念，快速表现图作画时间相对较短，表现快捷省时，并不是说快速手绘效果图绘画可以

不分画的内容与要求，一律只用很少的时间在规定的范围内完成作画。例如完成一幅建筑效果图可以用速写的方式在

几分钟内完稿，但完成另一幅设计方案草图或方案效果图，则要用数十分钟或者更长一些时间，但是这两种效果图均仍可以统称为"快速效果图"。因为相对其用数小时或数十小时才能完成传统色彩渲染效果图而言，它们的表现已经是非常快捷省时的了。同时，草图多采用线条为主的表现形式，用简练的线条来造型起到概括画面的作用。

2．效果概括明确

以高度概括的手法删繁就简，采取少而精的方法，对可要可不要的部分及内容可以大胆省略，放松次要部分及非重点内容，加强主要内容的处理，形成概括而明确的效果，这是快速草图的又一特征。因为高度概括不仅可以起到快的作用，还可以起到强化作品主要信息内容的作用，但要注意的是，快不等于潦草，快同样需要严谨、准确、真实，不可夸张、变形，更不可主观地随意臆造，所以要紧紧抓住所描述对象最重要的特征，重点刻画其体积、轮廓、层次及最重要的光影和质感等，从而达到概括的理想状态。另外，快捷概括地表现对象，势必会对深入刻画产生影响，如果不采取必要的加强措施，会造成画面虚弱无物的印象。因此要加强所要表达的主要重点，抓住精髓之处刻画，明确关系，如强调明暗的对比与黑白灰的关系层次；加大力度着重刻画光影的虚实、远近关系；准确表现材料质感的反差等。总之，草图表现是设计师手、眼、脑的快速结合。通过一系列的对比手法，把设计内容真实准确地表现出来，给人以清晰鲜明的视觉效果。

3．操作简单方便

　　效果图要比较快速地完成，操作简单方便非常重要，操作简单方便就容易快速完成，烦琐必然耗时。操作简单方便要求绘画的程序要简单，绘画的工具要方便，绘画者要能胸有成竹，非常果断地在画面上直接表现，所用的工具包括笔、纸、颜料均应能做到使用便利，最好以硬笔（如钢笔、铅笔、勾线笔等）作业为主，尽量减少湿作业（至多使用一些水彩淡彩），同时要注重画图的步骤，讲究作图的层次性，避免反复修改，适用的工具品种也应尽量少，这样操作就非常简单方便了。

第二节　不同草图表现工具的表现特点

　　草图表现技法主要是根据绘画工具来分类的，在这些工具的使用中，设计师们根据各自不同的需要，充分发挥着各种工具的特点，以达到一种快速而理想的视觉效果，为设计方案的创意阶段提供技术上的有力支持，同时为设计方案的交流提供了很大方便。然而在诸多表现中，最基本、常用并容易掌握和便于操作的有钢笔速写、铅（炭）笔草图、铅（炭）笔草图淡彩等形式，我们在这里作为学习的重点进行介绍。

一、 铅（炭）笔的表现特点

铅（炭）笔作为绘制草图的常用工具，它为设计师设计过程中的工作草图、构想手稿、方案速写提供了很大方便。因为这类工具表现快捷，所以比较适宜做效果草图。铅（炭）笔草图画面看起来轻松随意，有时甚至并不规范，但它们却是设计师灵感火花记录、思维瞬间反应与知识信息积累的重要手段，它对于帮助设计师建立构思、促进思考、推敲形象、比较方案起到强化形象思维、完善逻辑思维的作用，因此，一些著名设计大师的设计草图手稿，都能准确地表达其设计构思和创作概念，是设计大师设计历程的记录。铅（炭）笔草图尽管表现技法简洁，但作为设计思维的手段，其具有极大的生命力和表现力。

1．绘制工具准备

（1）笔：铅（炭）笔草图作图比较随意，画面轻松，因此铅笔选用建议以软性为宜。软性铅笔（常用的型号有2H、H、HB、B、2B等）一来表现轻松自由，线条流畅；其二视觉明晰，表现创意准确到位；其三使用方便，便于涂擦修改；炭笔选用则无特别要求，但在使用时要注意下笔准确。

（2）纸：铅（炭）笔草图作图由于比较随意，所以用纸比较宽泛，但是要尽量避免使用对铅（炭）不易粘吸的光面纸，常用的是80克左右的复印纸。

2．表现技法特点

铅（炭）草图在表现上要注意以下几个方面：

（1）由于铅（炭）笔作图具有便于涂擦修改特点，所以在起稿时可以先从整体布局开始。在表现与刻画时，也尽可以大胆表述。要尽量作到下笔肯定，线条流畅，同时注重利用笔的虚实关系来表现室内整体的空间感。

（2）要充分利用与发挥铅笔或炭笔的运作性能。铅笔由于运笔用力轻重不等，可以绘出深浅不同的线条，所以在表现对象时，要运用线的技法特点。比如，外轮廓线迎光面上线条可细而断续（表现眩光等，背光面上要肯定、粗重，远处轮廓宜轻淡，近处轮廓宜明确，地平线可加粗加重，重点部位还要更细致刻画，概括部分线条放松，甚至少画与不画，在处理阴影部分可以适当加些调子进行处理等。特别是在绘制设计方案草图时，我们多采用单线的表现形式，用简洁的线条勾画物体的形态和空间的整体变化。

（3）铅笔或炭笔不仅在表现线方面具有丰富的表现力，同时还有对面的塑造能力具有极强的塑造表现力，是素描最常用的表现工具。铅笔或炭笔在表现时可轻可重、可刚可柔、可线可面，可以非常方便地表现出体面的起伏、距离的远近、色彩的明暗等。所以，在表现对象时，可以线面结合，尤其在处理建筑写生的画面时，这样做对画面主体与辅助内容的表达都具有极强的表现力。

（4）在对重点部位描述的程度上要比其他部位更深入，在表现上甚至可以稍加夸张，如玻璃门可用铅笔或炭笔的退晕技法表现并画得更透明些，某些部位的光影对比效果更强些；在处理玻璃与金属对象时，还可以用橡皮擦出高光线，以使画面表现得更精致、更有神，由此使得画面重点突出。

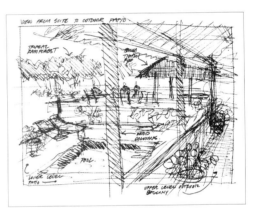

二、钢笔、勾线笔的表现特点

钢笔速写是快速效果图中最基础、运用最广泛的表现类型，是一种与铅（炭）笔速写具有很多共同点并更概括的快速效果图表现方法，所以这种技法是设计专业人员重要的技能与基本功，它对培养设计师与画家形象思维与记忆，锻炼手眼同步反应，快速构建形象，表达创作构思和设计意图以及提高艺术修养、审美能力等，均有很好的作用。

1. 绘制工具准备

（1）速写钢笔：应选用笔尖光滑并有一定弹性的钢笔，最好正反面均能画出流畅的线条，且有线条粗细之分，钢笔可随着画者着力的轻重能有不同粗细线条的产生，非常有利于表现物体不同的特征。使用钢笔应选用黑色炭素墨水，黑色墨水的视觉效果反差鲜明强烈。这里需要注意的是墨水易沉淀堵塞笔尖，因此，画笔最好要经常清洗，使其经常保持出水通畅，处于良好的工作状态。另外，现在除了传统意义的钢笔以外，具有同样概念或效果的笔也非常多，比较适用的有中性笔、签字笔和许多一次性的勾线笔等，这些笔用时不仅不需要另配墨水或出现堵塞笔现象，而且使用起来非常的轻松方便与流畅，已越来越受到大家的欢迎。

（2）纸：应选用质地密实、吸水性好并有一定摩擦力的复印纸，白板纸或绘图纸也可以选用一些进口的特种纸等，纸面不宜太光滑，以免难以控制运笔走线及掌握线条的轻重粗细。图幅大小随绘画者习惯，最好要便于随身携带，随时作画。

2. 表现技法特点

（1）钢笔速写主要是以线条的不同绘画方式来表现对象的造型、层次以及环境气氛的，并组成画面的全部。因此，研究线条及线条的组合与画面的关系是钢笔速写技法的重要内容。由于钢笔速写具有难以修改的特点，因此下笔前要对画面整体的布局与透视结构关系在心中有个大概的腹稿，较好地安排与把握整体画面，这样才能保证画面的进行能够按照预期的方向发展，最终实现较好的画面效果。

（2）如何开始进行钢笔速写的描绘，这是许多学生首先碰到的问题。一个有经验的设计师画钢笔速写时下笔可以从任何一个局部开始。但对于初学者最好从视觉中心、形体最完整的对象入手。因为，把最完整对象画好后，其他一切内容的比例、透视关系都可以此来作为参照，由此这样描绘下去画面就不容易出现偏差。反之，许多学生由于没有固定的参照对象，画到后来就会出现形体越画越变形，透视关系混乱的现象。另外，在绘制表现图时，表现主体和环境配景之间的疏密关系十分重要，所以要对空间有一个整体把握。这对掌握钢笔速写的作画方法很重要。

（3）钢笔速写表现的对象往往是复杂的，甚至是杂乱无章的，因此要理性地分析对象，理出头绪，分清画面中的主要和次要，大胆概括。具体处理时应主体实，衬景虚，主体内容要仔细深入刻画，次要内容要概括交代清楚甚至点到即可，切忌不可喧宾夺主地过分渲染。另外对于画面的重要部位要重点刻画，如画面的视觉中心、主要的透视关系与结构，都可以用一些复线或粗线来强调。

（4）要注意线条与表现内容的关系。钢笔速写的绘画主要是通过线条来表现的，钢笔线条与铅笔、炭笔线条的表现力虽有所异，但基本运笔原理还是大体相似的，绘画者除了要能分出轻重、粗细、刚柔外，还应灵活多变随形施巧，设计师笔下的线条要能表达所描绘对象的性格与风貌，如表现坚实的建筑结构，线条应挺拔刚劲；表现景观环境，线条就应松弛流畅等。

（5）要研究线条与刻画对象之间的关系。设计师表现观察事物的过程中要注意分析线在画面中的走势，线条运动时的速度快慢，会产生不同韵律和节奏。所以，就点、线、面三要素而言，线比点更具有表现力，线又比面更便于表现，因此绘画者要研究如何运笔，只有熟练地掌握了画线条的基本技法，画速写时才能做到随心所欲，运用自如。

三、毛笔的表现特点

毛笔是中国最传统的绘画工具，其表现力十分丰富。有许多画家和设计师在进行风景写生时常会用到毛笔来表现形体。毛笔绘图无法修改，需心中有数，下笔一气呵成，它的笔法控制起来较难，需要进行长时间的努力才能掌握。

1．绘制工具准备

（1）毛笔：国产毛笔样式很多，要选择笔锋弹性较好的，这样表现起来线条流畅生动。还有一种进口的一次性灌水毛笔也十分适合表现，大家可以买来尝试。

（2）纸：要选择能吸水的宣纸或绘图纸，质地要密实，以便能控制线条的走势与方向。

2．表现技法特点

（1）毛笔速写主要是靠线条来表现场景，在处理画面时要抓住空间的主次关系，善于表现画面的大效果，不要陷入画面的细节和局部不能自拔。

（2）在作画时要先分析对象的空间关系，分清画面的主次，把握好画面主体的结构和比例关系，同时用准确而轻松的线条处理周围的配景。

第三节　不同物体的表现方法

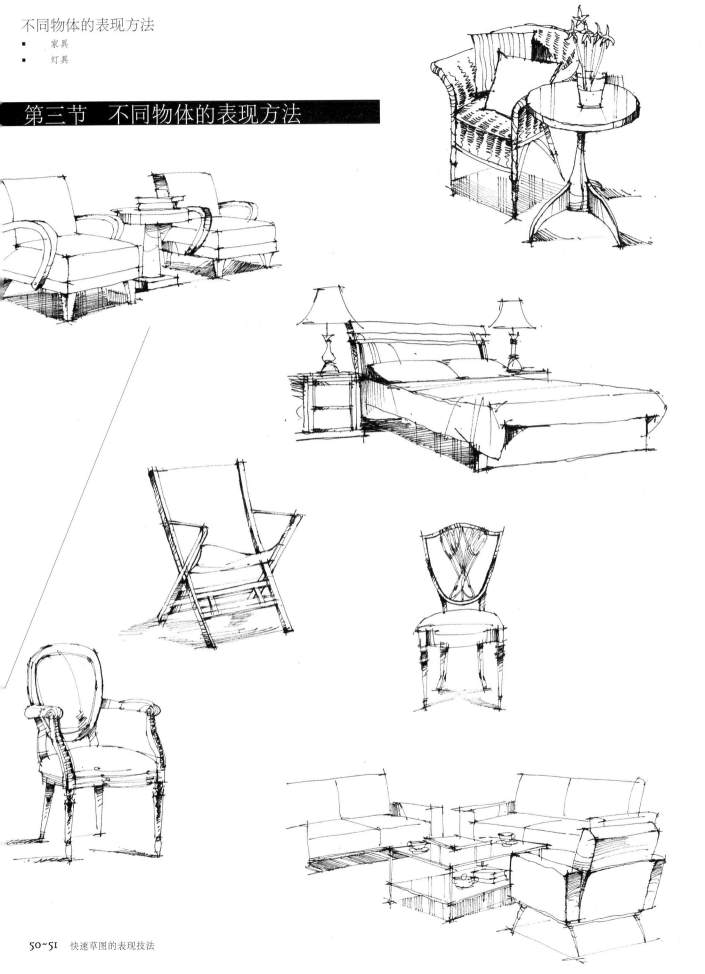

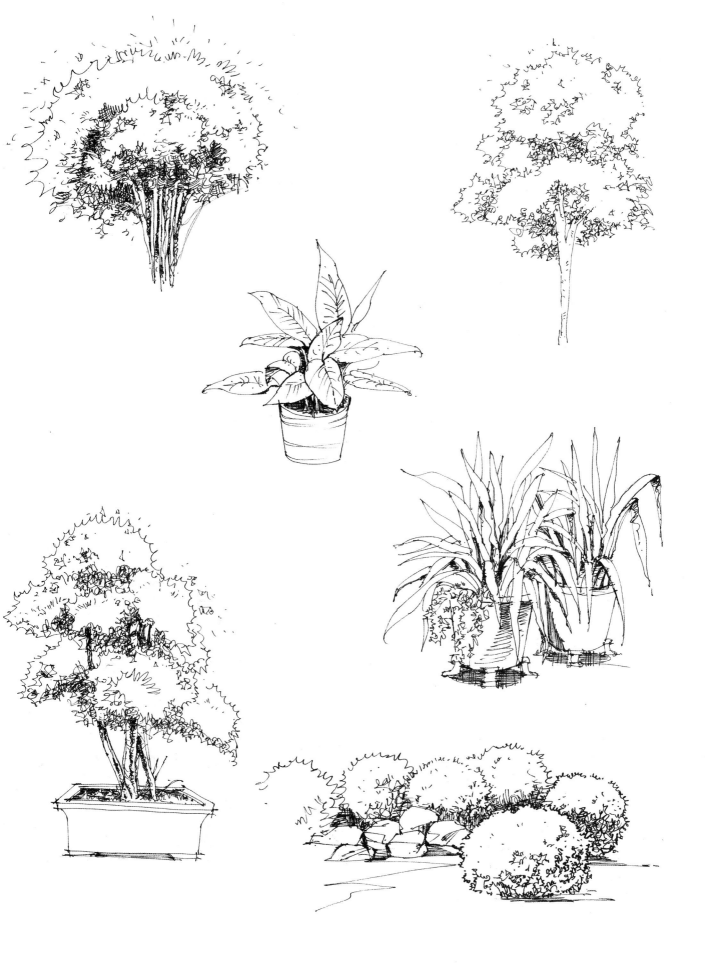

第四节 优秀作品点评

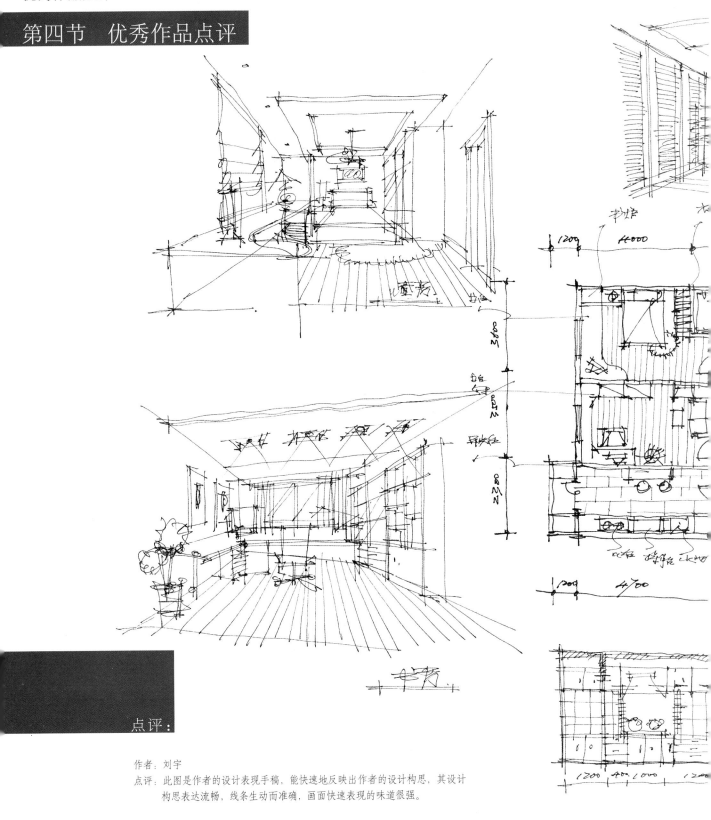

点评：

作者：刘宇

点评：此图是作者的设计表现手稿，能快速地反映出作者的设计构思，其设计
构思表达流畅，线条生动而准确，画面快速表现的味道很强。

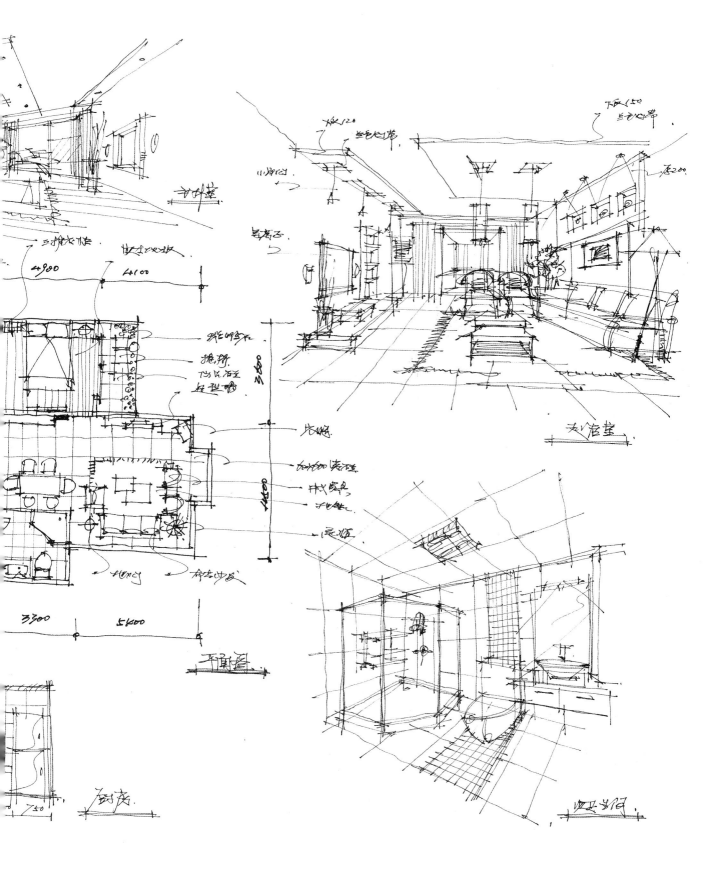

1.

2.

3

▸ 4.

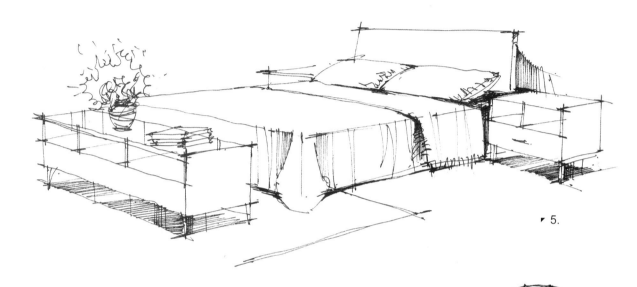

▸ 5.

▸ 6.

点评:

1. 作者:刘永哲
   点评:用笔线条灵活,投影刻画生动,线条的虚实变化节奏感很强,细节表现详实。

2. 作者:刘永哲
   点评:布艺沙发的特点表现的到位,沙发及周围物体整体透视关系良好,画面重点突出,层次分明。

3. 作者:李磊
   点评:此幅图的重点在于画面整体透视关系的把握,绘制时应注意转折处应采用概括的线条处理。

4. 作者:李磊
   点评:沙发的透视关系准确,作为画面的中心主题突出,光影表现层次丰富。

5. 作者:刘永哲
   点评:在进行床体的表现时应把直线和曲线结合起来,注重表现床上饰品的质感。

6. 作者:李磊
   点评:用概括的手法表现家具形体,线条简练而准确,物体质感表现充分。

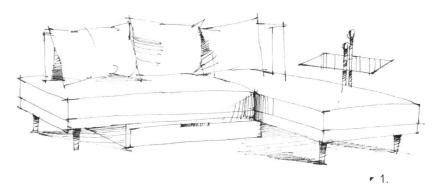

▸ 1.

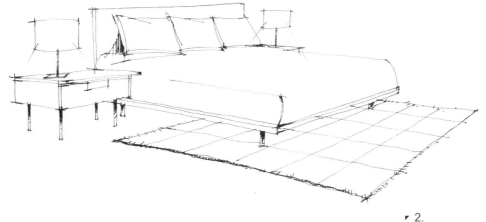

▸ 2.

点评：

1. 作者：刘永哲
   点评：线条刻画肯定到位，家具整体的形归纳准确，投影虚实关系处理较好。

2. 作者：刘永哲
   点评：用概括的手法归纳形体，简化形体的细节处理，整体透视关系比例协调。

3. 作者：金毅
   点评：此图用0.2和0.3的勾线笔来表现欧式家具的造型特点，家具的比例结构得当，细节的装饰刻画到位，光影的刻画层次丰富。

4. 作者：刘永哲
   点评：透视方法运用得当，线条表现干净利落，靠光影表现出空间的层次，装饰品的细节刻画到位。

5. 作者：张权
   点评：注重光影的表现，顶部处理概括而简约，画面视觉中心处理的层次丰富，不同物体的质感表现准确。

▸ 3.

4.

5.

1.

2.

点评：

1. 作者：金毅
   点评：用速写的形式表现建筑空间结构，线条运用得十分灵活而生动，短而复杂的虚线与长线条结合得十分恰当。

2. 作者：张权
   点评：此幅图用单线的方式表现欧式室内空间，其表现手法生动而准确，线条刻画到位，光影表现丰富，画面进深感很强。

3. 作者：吴雪玲
   点评：选用一点透视的原理来表现整个建筑的立面，建筑的比例表现准确，细节的刻画与建筑的整体造型处理恰当，巧妙地运用光影加强建筑的提亮感。

4. 作者：柴恩重
   点评：画面视角选择独特，用单线表现整体空间的能力较强。画面的疏密得当，光影刻画得准确而生动。

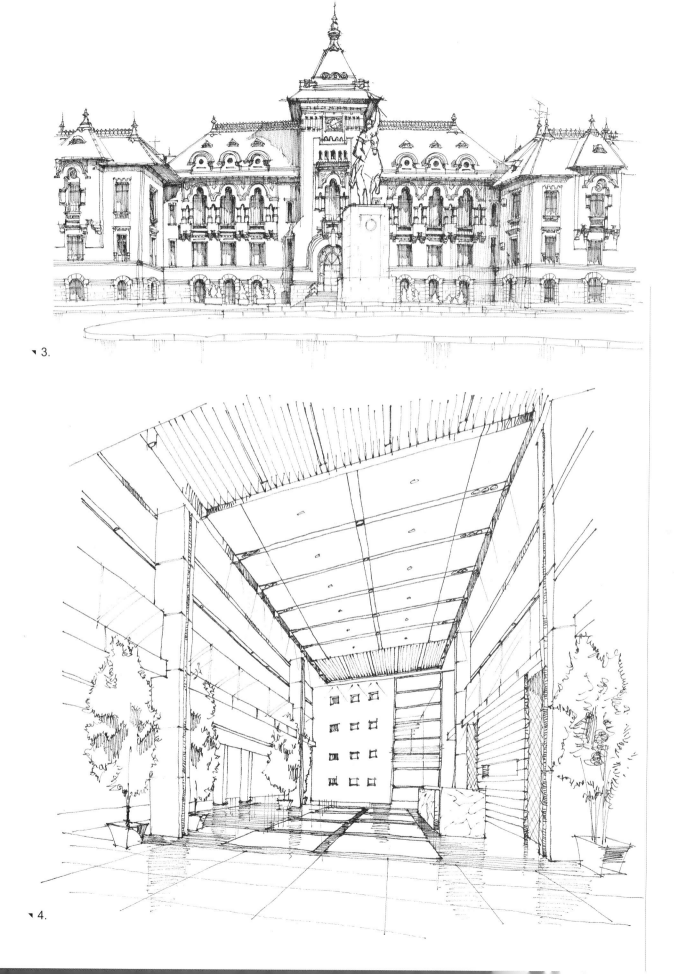

3.

4.

1.

2.

▼3.

点评：

1. 作者：金毅
   点评：整体商业建筑空间的表现十分生动，画面采用概括的手法使整个建筑群浑然一体，线条充满弹性，配景处理生动。

2. 作者：金毅
   点评：建筑群的表现立体感很强，利用投影的层次变化丰富建筑的空间层次感，投影的形体处理得简洁而准确。

3. 作者：张韬
   点评：用0.2的勾线笔表现整个景观环境的空间，运用细腻的调子丰富空间的进深，对不同植物的外形刻画准确。

点评：

作者：张权
点评：此幅画运用国画白描的技法来表现景观的环境，画面的虚实关系处理得当，根据植物的不同特点采用相应的
　　　方法进行表现。

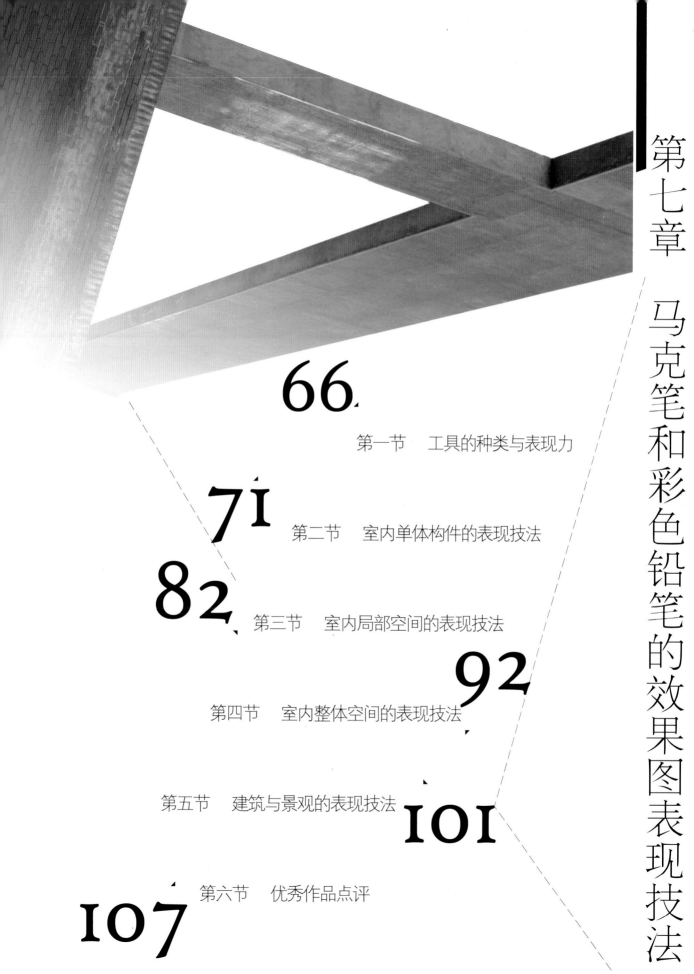

第七章 马克笔和彩色铅笔的效果图表现技法

第一节 工具的种类与表现力

一、马克笔的种类及表现特点

马克笔是近些年较为流行的一种画手绘表现图的新工具，马克笔既可以绘制快速的草图来帮助设计师分析方案，也可以深入细致地刻画形成一张表现力极为丰富的效果图。同时也可以结合其他工具如水彩、透明水色、彩色铅笔、喷笔等工具或与计算机后期处理相结合形成更好的效果。马克笔由于携带与使用简单与方便而且表现力丰富，因此非常适宜进行设计方案的及时快速交流，深受设计师的欢迎，是现代设计师运用广泛的效果图表现工具。

1. 马克笔的种类

马克笔是英文"MARKER"的音译，意为记号笔。笔头较粗，附着力强，不易涂改，它先是被广告设计者和平面设计者所使用，后来随着其颜色和品种的增加，也被广大室内设计者所选用。目前市场较为畅销的品牌如日本的YOKEN、德国的STABILO、美国的PRISMA及韩国的TOUCH等。

马克笔按照其颜料不同可分为油性、水性和酒精性三种。油性笔以美国的PRISMA为代表，其特点是色彩鲜艳，纯度较低，色彩容易扩散，灰色系十分丰富，表现力极强。酒精笔以韩国的TOUCH为代表，其特点粗细两头笔触分明，色彩透明、纯度较高，笔触肯定，干后色彩稳定，不易变色。水性笔以德国的STABILO为代表，它是单头扁杆笔，色彩柔和，层次丰富，但反复覆盖色彩容易变得浑浊，同时对绘图纸表面有一定的伤害。而进口马克笔颜色种类十分丰富，可以画出需要的、各种复杂的、对比强烈的色彩变化，也可以表现出丰富的层次递进的灰色系。

2．马克笔的表现特点

（1）马克笔基本上属于干画法处理，颜色附着力强又不易修改，故掌握起来有一定的难度，但是它笔触肯定，视觉效果突出，表现速度快，被职业设计师所广泛应用，所以说它是一种较好的快速表现的工具。

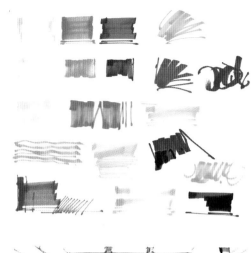

（2）马克笔一般配合钢笔线稿图使用，在钢笔透视结构图上进行马克笔着色，需要注意的是马克笔笔触较小，用笔要按各体面、光影需要均匀地排列笔触，否则，笔触容易散乱，结构表现的不准确。根据物体的质感和光影变化上色，最好少用纯度较高的颜色，而用各种复色表现室内的高级灰色调。

（3）很多学生在使用马克笔时笔触僵硬，其主要问题是没有把笔触和形体结构、材质纹理结合起来。我们要表现的室内物体形式多样，质地丰富，在处理时要运用笔触多角度的变化和用笔的轻重缓急来丰富画面关系。同时还要掌握好笔触在瞬间的干湿变化，加强颜色的相互融合。

（4）画面高光的提亮是马克笔表现的难点之一，由于马克笔的色彩多为酒精或油质构成，所以普通的白色颜料很难附着，我们可以选用白色油漆笔和白色修正液加以提亮突出画面效果，丰富亮面的层次变化。

（5）马克笔适于表现的纸张十分广泛，如色版纸、普通复印纸、胶版纸、素描纸、水粉纸都可以使用。选用带底色的色纸是比较理想的，首先纸的吸水性、吸油性较好，着色后色彩鲜艳、饱和，其次有底色，容易统一画面的色调，层次丰富。也可以选用普通的80克至100克的复印纸。

二、彩色铅笔的种类及表现特点

彩色铅笔是绘制效果图常用的作画工具之一，它具有使用简单方便、颜色丰富、色彩稳定、表现细腻、容易控制的优点，常常用来画建筑草图，平面、立面的彩色示意图和一些初步的设计方案图。但是，一般不会用彩色铅笔来绘制展示性较强的建筑画和画幅比较大的建筑画。彩色铅笔的不足之处是色彩不够紧密，画面效果不是很浓重，并且不易大面积涂色。当然，如果能够运用得当的话，彩色铅笔绘制的效果图是别有韵味的。

1. 彩色铅笔的种类

彩色铅笔的品种很多，一般有6色、12色、24色、36色，甚至有72色一盒装的彩色铅笔，我们在使用的过程中必然会遇到如何选择的问题。一般来说以含蜡较少、质地较细腻、笔触表现松软的彩色铅笔为好，含蜡多的彩色铅笔不易画出鲜丽的色彩，容易"打滑"，而且不能画出丰富的层次。另外，水溶性的彩色铅笔亦是一种很容易控制的色彩表现工具，可以结合水的渲染，画出一些特殊的效果。彩色铅笔不宜用光滑的纸张作画，一般用特种纸、水彩纸等不十分光滑有一些表面纹理的纸张作画比较好。不同的纸张亦可创造出不同的艺术效果。绘图时可以多做一些小实验，在实际操作过程中积累经验，这样就可以做到随心所欲，得心应手了。尽管色彩铅笔可供选择的余地很大，但在作画过程中，总是免不了要进行混色，以调和出所需的色彩。色彩铅笔的混色主要是靠不同色彩的铅笔叠加而成的，反复叠加可以画出丰富微妙的色彩变化。

2. 彩色铅笔的表现特点

彩色铅笔在作画时，使用方法同普通素描铅笔一样易于掌握。色彩铅笔的笔法从容、独特，可利用颜色叠加，产生丰富的色彩变化，具有较强的艺术表现力和感染力。

彩色铅笔有两种表现形式：

一种是在针管笔墨线稿的基础上，直接用色彩铅笔上色，着色的规律由浅渐深，用笔要有轻、重、缓、急的变化；另一种是与以水为溶剂的颜料相结合，利用它的覆盖特性，在已渲染的底稿上对所要表现的内容进行更加深入细致的刻画。由于色彩铅笔运用简便，表现快捷，也可作为色彩草图的首选工具。色彩铅笔是和马克笔相配合使用的工具之一，彩色铅笔主要用来刻画一些质地粗糙的物体（如岩石、木板、地毯等），它可以弥补马克笔笔触单一的缺陷，也可以很好地衔接马克笔笔触之间的空白，起到丰富画面的作用。

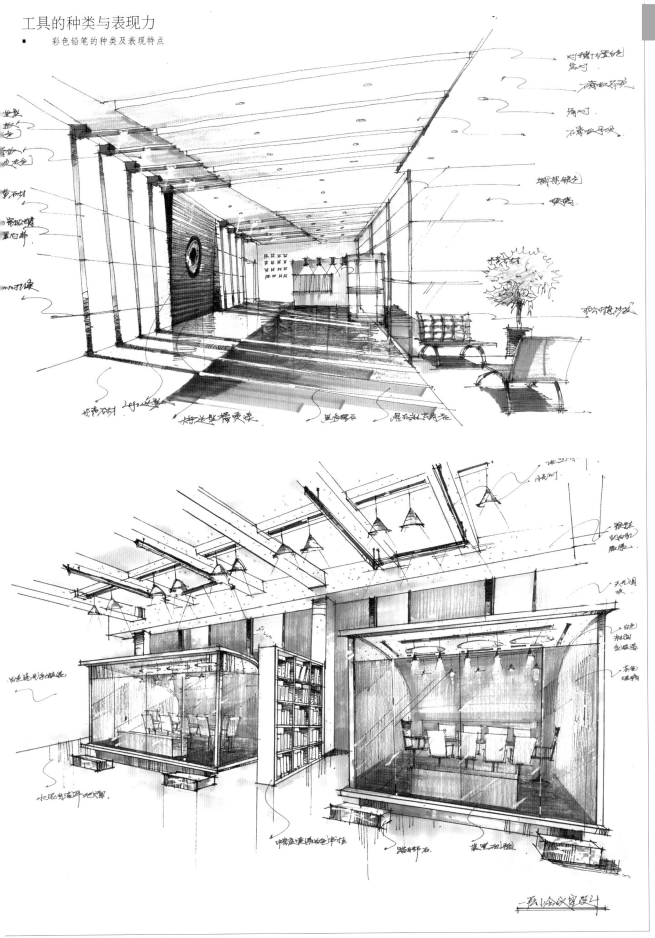

一、不同单体构件的笔触表现

　　单体构件是组成室内整体空间的基本元素，在进行整体空间绘制之前应对单体构件进行分别的练习，把各种要素分解开来逐一分步训练，并逐渐加强难度。同时在绘制时要注意马克笔的笔触与表现对象整体的结合，用笔的虚实变化与对象材质的一致性等特点。

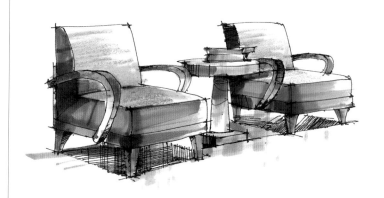

1. 室内单体家具

　　家具是构成室内空间的主要元素之一，我们在对其进行马克笔表现时要特别注意其不同材质的表现特点。木制家具的材质纹理自然而清晰，其反光度较低，固有色明显。在绘制时应多选用暖色系马克笔从物体的亮面开始处理，其颜色受光线影响应略重于固有色，同时要充分考虑到暗部的渐变关系和反光的微弱变化。在处理物体主要固有色区域时应采用水溶彩色铅笔与马克笔相结合的方式。彩色铅笔处理亮部到中间色的过渡，马克笔进行色彩上的衔接。在处理亮部受光区域时应把握好光照的方向。在亮面应适当留白并用浅色笔画出亮部的光影变化。在最后的调整阶段应加强物体结构的变化关系，用短而肯定的笔触进行强化，同时要表现出物体投影的虚实变化。皮质家具的皮革表面特点明显，表面柔软，反光度较差。在进行表现时，为了强化其材质特点可以用彩色铅笔绘制亮面，表现其柔软而富有变化的表面效果。亮部尽量不要留白，同时要加进光源色的变化。在运用马克笔笔触时应采用弧形的笔触，顺其内在结构进行表现。在阴影部位要处理柔和，力图表现出渐变的投影层次。

　　灯具作为室内的主要发光器其种类很多，在表现时也各具特点。台灯和吊灯作为主要的灯具，在表现时应把灯光颜色与灯的造型变化结合起来考虑，而不是一味地把灯画亮。灯的结构造型与材质变化丰富，在表现时笔触应与材质特点相统一，要有光照的层次变化，虚实冷暖之间应相互结合，才能营造很好的光照环境。欧式造型的灯结构变化丰富，应采用小而碎的笔触处理，力图表现出欧式造型多样的特点。而现代工业感强的灯饰简洁而大方，金属感极强，应多用灰颜色加强光感变化。

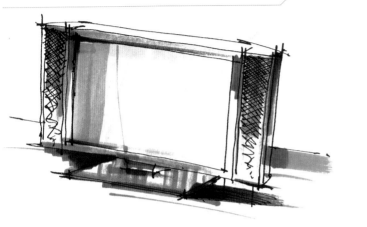

3. 室内家用电器

电视、音响、电脑等家用电器是住宅室内空间的主要构成元素之一。其特点是工业感、现代感较强，具有较强的反光度。在表现时应多选用灰色系的马克笔，同时用笔应干净利落，注意较强的光影反射，亮部可用彩铅绘制，丰富亮面的色彩变化；暗面的马克笔笔触应与结构变化相吻合，同时用灰色的渐变表现出暗面的层次变化。

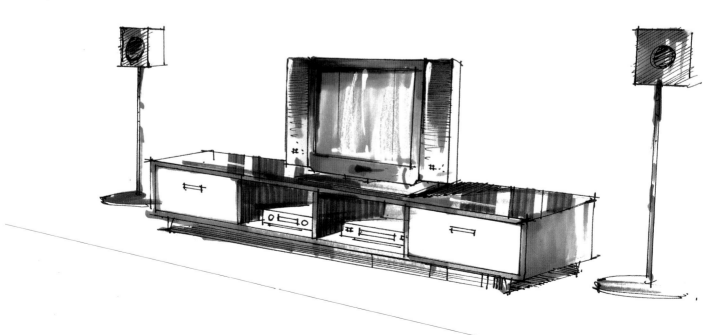

4. 室内布艺饰品

　　室内的布艺主要是指窗帘、地毯和床上用品等纺织品。其特点是表面柔软，有一定的光泽度。在表现的时候应多用彩色铅笔处理表面的质感变化，同时结合灰色系的马克笔丰富其暗面的层次。在处理物体的边缘时应做到笔触灵活多变，虚画物体的边缘形。暗面的处理应把笔触和物体布褶的变化相结合，笔触顺着形体的转折而变化，做到笔触虚实相应。

5. 室内花卉植物

花卉和植物是室内常见的装饰品，但由于其种类繁多，形体变化复杂，所以较难表现。在绘制时应先用物体的固有色绘制整体效果，再用较深的暖灰绿色处理暗部和转折处的变化，亮部的颜色则可以用纯度较高的绿和黄色相互叠加来完成，应考虑光源照射的一致性，亮度的不同层次和亮部的色彩变化要相同。植物的枝干应采用概括的表现手法，强化枝干与花叶的相连接处，而放松其他部位，同时要尽量表现出枝干的反光部分。由于植物和花卉的形态变化丰富，笔触的用法应和其形态保持一致，可以多用些点状和块状的笔触来丰富物体的边缘轮廓。

二、室内单体的步骤图绘制与分析

1.床的步骤图表现

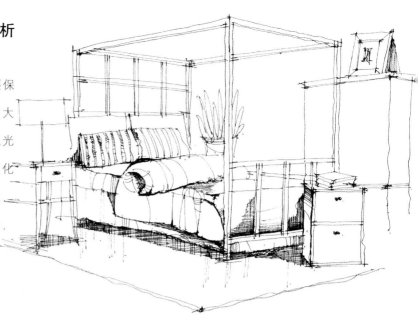

步骤一: 用单线勾勒床体的形态变化,要保持物体透视变化的一致性,用线应简洁大方、肯定到位。表现结构的直线条和表现光影的虚线条应相互结合,光影的处理要变化而富有层次。绘制时要加强床的细节处理,同时简化和概括窗头柜和衣挂的处理方式,避免画面出现多个中心、面面俱到的问题。

步骤二: 用马克笔进行着色时,先选用韩国马克笔的木色系列来绘制床的整体框架和其他木制家具表面材质。暗部要画的整体,要富有颜色变化,中间色应尽量保持其纯度,并用彩色铅笔丰富其肌理变化。亮面则可少量留白。

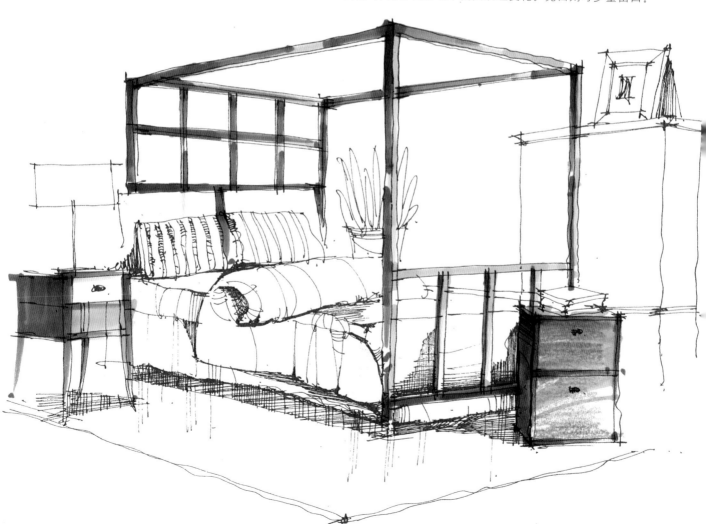

室内单体构件的表现技法
■ 室内单体的步骤图绘制与分析

步骤三：选用韩国系列马克笔的冷灰色和暖灰色绘制床上用品的质感，笔触要和布褶的变化保持一致性，同时运用颜色鲜艳的彩铅绘制靠枕和床上饰品。床的整体颜色变化要与光的整体变化相一致，暗部的投影应采用虚笔触进行表现。最后用灰绿色概括远处的植物。

步骤四：用彩色铅笔概括地处理处于逆光处的衣柜，再用棕色系的马克笔勾画柜体的细节变化。台灯的表现则用浅黄色的彩铅加以丰富，同时考虑到台灯光源对周围物体的影响。地毯选用暖灰色马克笔进行概括处理，以衬托画面主体床的效果。

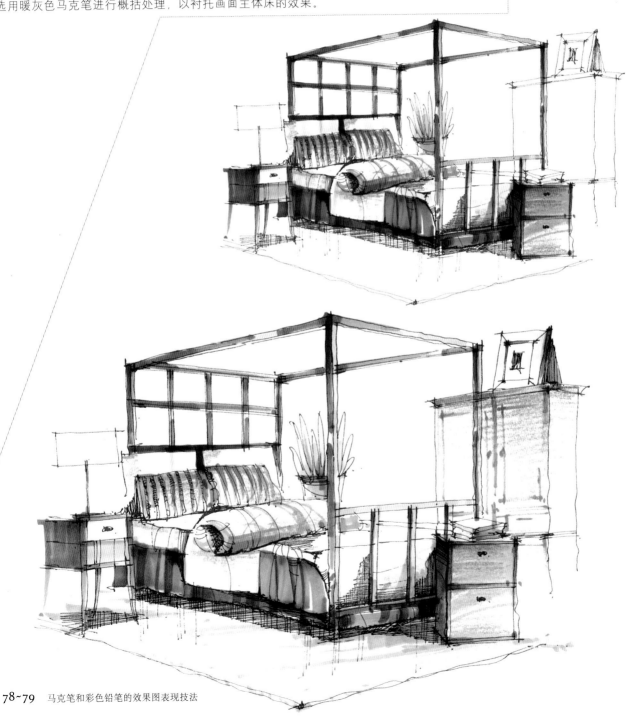

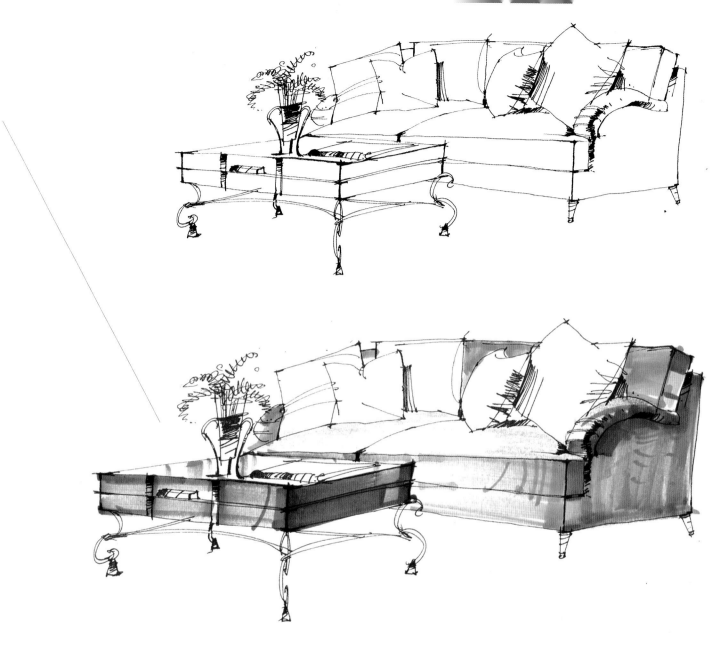

2．沙发的步骤图表现

步骤一：沙发的形体结构复杂，表面比较松软，在用针管笔勾线时应采用弧线和直线相结合的手法。形体的轮廓多用直线来概括，而沙发的一些软装饰则采用弧线来表现。应处理好茶几与沙发的空间关系，茶几的金属支架透视要准确、用笔灵活多变。

步骤二：沙发表面为皮质材料，在表现时应先用棕黄色彩铅进行处理，然后用暖色系的美国马克笔处理其暗面的变化，中间色则保持固有的纯度。茶几的处理则选用韩国的马克笔进行大笔触的概括，同时用马克笔的尖端丰富其亮面的投影。

步骤三： 用彩色铅笔处理沙发上的布艺靠垫，彩色铅笔的笔触应和布艺靠垫的纹理相一致，同时应考虑到形体受光照所产生的变化。投影的部分可采用深灰色马克笔与彩色铅笔相融来表现。

步骤四： 最后用纯度较高的绿色点缀木制茶几上的花卉，丰富画面的效果。在投影的处理上则采用彩色铅笔与马克笔相结合的方式，用不同材料的特性来体现投影的层次渐变。

一、塑造空间的主要方法

　　在塑造空间时，主要要考虑到室内的界面关系及光线所营造的特殊气氛，要以表现室内整体环境为主要目的，室内一切构件的色彩及材质变化都要遵循这个原则。在绘制时要本着先整体后局部的原则来进行。对一些处于暗部的物体要进行大胆的虚画，亮部的物体则要进行概括的处理。应多用灰色系来表现物体的材质特点。灯光的处理也是绘制的重点之一，有时一个空间会受到人工照明和自然光照明两种不同照明的影响。首先要分清主次光源的作用，对像吊灯、桶灯、射灯这样的点光源应该加以强化；对灯带这样的虚拟光源应该用柔和的方式进行表示。在表现灯光时，可以多用彩色铅笔进行绘制，这样容易表现出光源的层次变化。

二、室内局部的绘制图与分析

1．中式风格的室内空间表现

步骤一： 先用一点透视的原理绘制出室内的结构框架，视点的位置和高度应符合人体工程学的标准，根据室内的高度大约应定在1.3米左右。视点的位置在图面上居中，所有室内家具及装饰的造型要符合室内的透视变化，绘制的线条要简洁而肯定，一根线条要代表一个形体关系。根据物体的结构和材质特点，线条要有虚实轻重的变化，同时对物体的投影要进行归纳，要很好地表现出整个室内的空间进深感。

步骤二： 根据我们所表现的照片情况，来充分分析室内正体色调和光环境。先用彩色铅笔处理顶部的暖色光源变化，要注意光照的强弱变化。在处理墙面壁纸时采用彩铅和马克笔相结合的办法来表现壁纸的纹理变化。电视柜位于室内的背光处，所占暗部面积较多，在处理时应该用深色的笔触进行概括，在受光的亮部留下一些高光点即可。画面右侧的中式屏风也要采取上实下虚的处理手法，用马克笔的小笔头一端处理它的特殊材质感。

步骤三： 先画出位于窗帘两端台灯的光照环境，光环境照射以外的物体要进行大笔触的虚画。窗帘的明暗变化要和灯光的照射方式相一致，同时用马克笔的小笔头刻画窗帘暗部的细节。台灯和地灯的灯罩作为发光体也要尽量地表现出层次的虚实。

步骤四： 在绘制靠近阳台的沙发时，要充分考虑到沙发的逆光效果，暗部处理得要有层次而富有变化，同时要表现出沙发上软织物的材质特性。对画面中间的黑色茶几进行表现时要采用概括的手法，暗面整体要采用深灰色进行表现，同时注意反光的变化；亮部则考虑到自然光和灯光的照射，要作减法处理。用马克笔的粗细笔头相互结合的方式进行表现，但注意用笔要轻快，避免因笔触停留时间较长而留下水印。作为物体前端的沙发则要进行整体的概括表现，越是靠前的物体越应该虚画，体现其整体性。

步骤五： 在处理画面的地毯时，先用彩铅进行平铺绘制，然后根据光影变化加重暗部层次，用马克笔的小笔触灵活地处理地毯的纹理变化。画面的右侧的三人沙发则用彩色铅笔进行简略的概括。

步骤六： 最后调整阶段要适当地加重物体的转折，用简练的笔触概括出地板的颜色及投影变化。我们可以选用修正液进行局部的高光提亮，丰富画面的亮度变化。在完成整幅作品后，我们应该能够清楚地看到：要塑造好一张手绘表现图并不是对室内的每个物体进行精雕细琢，而是要在遵循大环境的前提下进行有重点的表现，这样才能体现出马克笔快速的表现特点，这一点是所有同学都应该注意的地方。

步骤一

步骤二

步骤三

步骤四

步骤五

步骤六

2．欧式风格的室内空间表现

步骤一： 我们所选用的参考照片具有典型的欧式风格，但整个图面的色彩关系对比较弱，在进行马克笔表现时应加强明暗的对比变化，丰富画面层次。在勾线时应注意家具的细节处理，特别要强调一些具有欧式特点的线脚的转折变化。在对空间的处理上要很好地利用成角透视的原理加强空间的进深，靠物体的前后遮挡增强室内的空间感。

步骤二： 先用彩色铅笔绘制水晶吊灯的整体质感，再用韩国的木色系列马克笔表现窗框、门框和墙面的木做装饰，处理的时候要考虑到周围环境受光照所产生的变化。布艺沙发的处理选用美国的浅粉色马克笔进行表现，同时留出物体的受光区。欧式茶几的暗部则采用棕色和深灰色马克笔相叠加的表现方式，使其颜色沉稳而富有层次；亮部的处理则可以采用纯度较高的浅颜色进行表现。

步骤三： 在进行深入刻画时窗帘的绘制是一个难点，应该把它和墙面、室外的空间作为一个整体来进行表现。先用彩色铅笔对窗帘的颜色进行整体的绘制；再用粉色的马克笔加强纹理的变化；最后根据光环境的影响处理窗帘的虚实。植物的形体变化丰富，但也应该强调它和周围环境的融合，我们可以选用马克笔的小笔头一端对其枝叶进行勾勒。同时要加强主吊灯的材质特点，力图体现富丽堂皇的视觉效果。壁灯的光源则应做虚处理，在画面中点到为止。

步骤四： 对画面中的其他家具用概括的手法加以描绘，使其在画面中承担好配角的作用。处在逆光处的物体应强调其轮廓的形态，同时有意识地加强茶几、沙发、绿色植物、窗帘这四者之间的空间纵深感。对地毯的刻画要和室内投影的整体变化结合起来，表现出暗部背光的画面效果。最后再用颜色较纯的绿色和粉色刻画茶几上的花卉，在画面中起到点睛的作用。

步骤一

实景照片

步骤二

步骤三

步骤四

步骤一

3. 现代风格的室内空间表现

步骤一： 所选用的这幅图片受自然光的影响较大，室内的整体效果处在逆光的环境里，表现起来具有一定的难度。画面由浅黄色木质和深蓝色布艺两种主要的对比色组成，表现时应处理好主次色调之间的关系。用针管笔勾线时要有侧重地表现画面的节奏，远处的百叶窗和沙发作为画面的一个重点，近处的餐桌是画面前端的视觉中心。物体的细节表现在线稿阶段，不用绘制得面面俱到，应给马克笔留下一些发挥的空间。顶部和其他墙面装饰的处理要做到简明而概括。

步骤二： 处理逆光墙面时选用韩国马克笔的灰色系进行表现，在处理时不要平均地对待逆光效果。然后选用木色系列的马克笔对画面的木做装饰及家具进行统一处理。根据光影的变化加深画面层次感，同时利用马克笔的小笔头勾点木质的天然纹理，用笔要洒脱而生动。

步骤三： 把画面远处的木质百叶窗和沙发作为一个整体统一进行表现。沙发的布艺靠垫要充分遵循光照的效果，在灰色系中寻求色彩变化。木做地台作减法处理，力图表现出亮面的光感，与画面前端灰色的鹅卵石地面形成色彩纯度和明度的对比。画面前端蓝色的布艺休闲椅要尽量表现逆光的特点，选用沉稳而雅致的蓝色，同时椅子投影的变化要和光照的变化相一致。餐厅上方的三盏小吊灯用浅黄色铅笔进行表现，作为辅助光源不应过分强调其光照的变化。

步骤四： 调整阶段用纯色和黑色相结合的方式表现餐桌上的玻璃器皿和水果。用深灰色的马克笔对投影的虚实变化进行强化，同时勾勒出物体的边缘形。可以选用白色油漆笔对物体的高光部进行点缀，丰富亮面的层次变化。在这样一幅黄蓝两种对比色组合的画面中应该以暖黄色系为主色系，整体色彩的变化都要遵循这一规律。同时对地面和墙面的一些细节要进行大笔触的概括，为突出画面的中心主体起到衬托作用。

步骤二

步骤三

实景照片

步骤四

第四节 室内整体空间的表现技法

一、住宅室内空间的表现方法及步骤

　　住宅室内空间是我们工作中最常见的设计项目，由于建筑房型的多样化，导致了室内空间的变化较为复杂。在设计方案的推敲阶段为了便于设计思路的沟通，许多设计师会采用徒手勾线和马克笔相结合的快速表现形式，这样能在最短的时间内再现设计师的设计构思，便于方案的尽早确定。这种方式也成为设计师必备的基本功之一。如要绘制这样一张表现图，就需要设计师具备良好的设计经验，对方案实施后的效果有一定的预见能力，同时熟悉室内装饰材料的不同特点。

范例1：住宅室内空间——卧室的快速表现

步骤一： 在设计构思确定后选用自动铅笔勾勒出室内空间的大结构，选用平角透视的原理增强室内空间进深感，然后再选用0.4的勾线笔，采用徒手勾线的方式描绘出室内方案的墨线稿。勾线时线的运用要洒脱而肯定，对室内的重点进行较为细致的刻画，其他部位一律概括处理。整幅线稿的绘制时间控制在20分钟内完成。

步骤二： 用彩色铅笔有重点地表现墙面的阴影变化，调子的运用要有虚实的变化，然后用马克笔概括出床及床头柜暗处的阴影。在床头台灯的刻画上要注意光源对周围物体的环境色影响。

步骤三： 选用木色系列的马克笔大笔触表现衣柜的材质特点，在暗部及亮部的表现方式上切忌大面积的平涂，因为这样会使物体的暗面表现得很死板。应该本着上实下虚的原则利用马克笔笔触的纹理表现木质的材质特性。磨砂玻璃门则用灰蓝色进行表现。冷色调的玻璃应和暖色调的光源在色彩上形成统一。写字台、休闲椅和黑色皮质沙发的处理都采用概括的方式点到即可，可加入彩色铅笔的笔触来丰富质感的效果。

步骤四： 画面收拾阶段先选用彩色铅笔表现床上纺织品的质感，笔触尽量粗糙。床头上的装饰画采用抽象的画法进行表现。我们选用灰绿色的马克笔对室内的植物和窗外景色进行统一概括。地毯受到暖光源的影响呈暖灰色，用韩国灰色系马克笔进行快速表现。最后，选用白色的修整液对装饰画和玻璃门的高光部位进行提亮。整幅画的完成应控制在一个半小时左右。

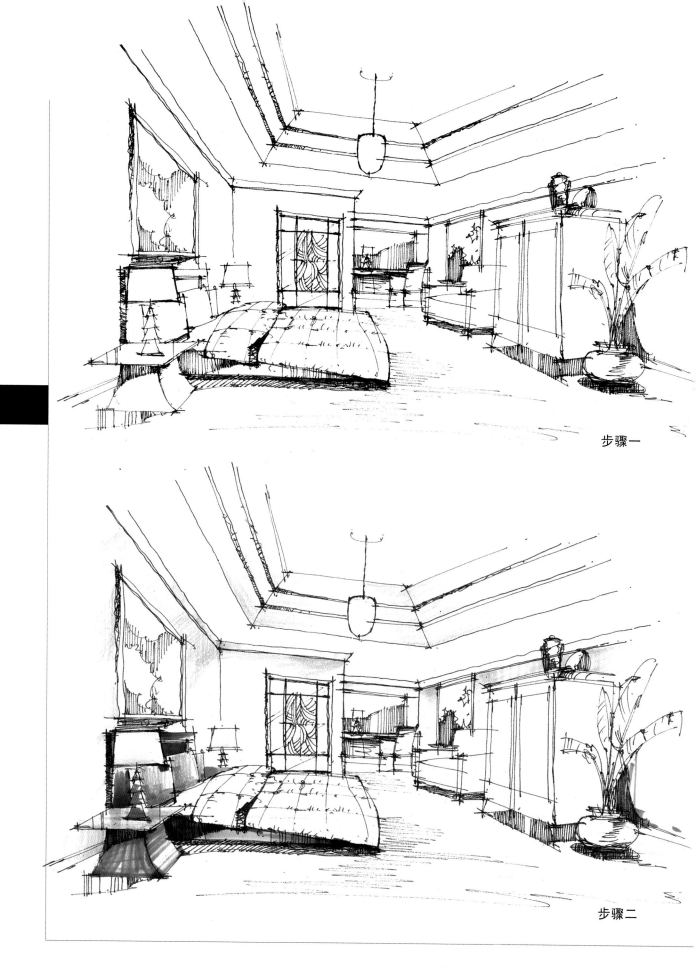

步骤一

步骤二

步骤三

步骤四

范例2：住宅室内空间——起居室的快速表现

步骤一： 针对这幅典型欧式风格的起居室设计方案，我们选用0.3的勾线笔对其室内装饰进行表现。对以沙发为中心的实体家具刻画要精细到位，不要忽略对物体细节的表现。但对画面的吊灯、窗帘、绿色植物则采用只勾勒物体轮廓的方式。由于地面是大理石材质，反光度较高，则需要用密集的短线条表现出阴影变化。

步骤二： 选用韩国的暖灰色马克笔对墙面进行概括处理，在刻画时应采用两头实中间虚的灯光效果。接下来用木色系马克笔对左侧墙面的木做造型进行整体表现，但是要注意留出室外光照射在墙上的高光区域。用灰绿色的彩铅处理作为画面远景的室外植物。

步骤三： 在深入阶段选用较深的木色来丰富墙面的变化，对二层观景平台的转折处和一层壁炉的暗面进行加深处理。利用马克笔的小头刻画墙面的木质纹理，对壁炉的暗面用黑色进行表现。选用颜色适当的马克笔表现窗帘的质感，要注意表现窗帘的透光性，同时用彩色铅笔简单处理沙发和地毯的暗面。金属茶几则侧重表现其光亮的质感。

步骤四： 用暖色彩铅和黄色马克笔表现水晶吊灯的光环境，用黄色彩铅处理灯光在墙面上的反射。同时用深灰色的马克笔表现沙发的逆光面以及休闲椅、茶几、沙发在地毯上的投影变化。用马克笔的细端刻画位于壁炉上的金属器皿和透明金属茶几上的铁艺烛台。地面除木做墙面的投影外基本不作处理，表现其较强的反光度。

步骤五： 进入到调整阶段用深灰色概括墙面的投影，丰富墙面的笔触变化；用灰色彩铅处理墙面装饰在大理石地面的倒影关系，但要注意近实远虚的光线变化。用冷灰色的彩铅加强沙发和茶几的暗面，强化投影形的渐变。室内的植物则选用灰绿色的马克笔进行概括处理。亮度的高光则用油漆笔提亮。这样一幅复杂的欧式起居室在表现时最忌讳面面俱到。绘图者一旦掉入局部将很难控制好画面的全局。所以说我们应该有目的地选择画面重点，并对其进行精细的刻画，其余附属部分则应作简洁的处理，这样才能真正做到突出表现目的的作用。

步骤一

步骤二

步骤三

步骤四

室内整体空间的表现技法
  ■   住宅室内空间的表现方法及步骤
  ■   公共室内空间的表现方法及步骤

步骤五

二、公共室内空间的表现方法及步骤

    公共空间的室内面积较大，结构复杂，层次变化丰富，室内的单体构建种类较多，所选用的装饰材料种类繁多。在进行手绘快速表现时应注重室内整体气氛的营造，注意画面整体的色调关系，特别要注意整体画面的概括与提炼、选择与集中，保留那些最重要、最突出和最有表现力的东西并加以强调；而对于那些次要的、变化甚微的细节进行概括、归纳，简化层次形成对比，才能够把较复杂的形体有条不紊地表现出来，画面也才会避免机械呆板、无主次，从而获得富有韵律感、节奏感的形式，有利于表现建筑的造型特征，有利于表现出室内空间的造型特征。

餐饮空间步骤图分析

步骤一：餐饮空间的线稿绘制应该用线灵活，通过线的虚实、粗细变化来表现室内的空间进深和材料的肌理特点。通过徒手线条的组合和叠加来表现整个环境场所的形体轮廓、空间体积和变换的光影。同时要对作为画面视觉中心的餐桌椅进行细节处理，对其他的周边环境则有目的的取舍。

步骤二：先用彩色铅笔处理顶棚的灯光变化，根据光影的透视原理、光照的正确方向来表现室内光源的强弱。而光影的强调与削弱也决定着室内空间感的纵深变化，也决定着画面视觉中心的位置。然后用彩铅处理砖石墙面和玻璃幕墙，营造出黑、白、灰对比明显的室内整体感。色彩的选用则以灰色系为主，冷暖之间有所联系，色调和谐而统一。

步骤三：进入到深入刻画阶段，用马克笔对彩铅塑造的材质及形体进行深层次的刻画，借助轻而灵活的笔触表现材质的特点。地毯的变化丰富，在表现时要学会提炼和概括的手法，客观的景物是包罗万象的，甚至是变化丰富零乱琐碎的。我们画表现图不是简单的再现事物，不是将看到或想象的景物照抄照搬下来，而是要对表现的物体进行梳理，舍弃与整体画面关系无关或有碍的细节。一切表现方式都要为突出画面主体服务，所以地毯的表现应该采用灵活而概括的手法，把它的材质特点和餐桌椅的投影变化结合起来进行表现。

步骤四：在整体画面关系确定以后对室内的家具进行刻画，用彩铅表现其纹理特点，用马克笔的小笔触勾画其表面纹理。同时要结合暖色的光源进行主观的处理。彩色铅笔与马克笔进行融合形成较为细腻的画面效果。整幅画面应体现马克笔清新、洒脱、豪放的笔触和彩色铅笔细腻、柔和的绘制特点，把二者的长处相结合，体现画面的整体感。

步骤一

步骤二

步骤三

步骤四

▶ 1.

一、单体建筑的快速表现原则

1. 画面的构图安排： 在构图时要求对整体画面有一个整体的思考和安排，养成意在笔先的习惯。初学者可先用铅笔起稿，画出建筑的大致尺度，这样比较容易驾驭整个画面的关系。建筑在画面中应该占据主体或中心的位置，但形体不宜画得过大，所占面积过多，这样反而会使人感觉空间十分的局促，有一种压抑感。

2. 画面的取舍得当： 建筑本身形体复杂，墙面与窗面的装饰较多，在进行表现时要根据建筑立面的特点进行取舍。如利用高大的树木来遮挡建筑，形成一定的空间关系，打破死板的构图，或利用前后建筑的错落变化增强画面的虚实效果。如遇到线脚造型变化丰富的欧式建筑，对其次要的细节要进行归纳和简化，这样才能突出建筑的中心，使整个建筑的层次鲜明。

▶ 2.

3. 画面色彩的调和： 建筑及其周围环境色彩十分丰富，常遇到多种颜色相组合的画面，要控制画面的色彩关系，就要有一种颜色成为画面的主色调，而其他颜色的冷暖变化要以它为依据。户外建筑多受自然光的影响，光源色的色素越强，色调的倾向性就越明显，反之倾向性越小。同一景物因季节、时间不同，光源的色彩倾向也会产生变化。我们在进行表现时应仔细观察，掌握好不同时间段光源色的变化规律，控制好画面效果。

▶ 3.

二、环境景观的快速表现原则

1. 植物的表现手法：近景和中景的植物应采用中国画中以线造型为主的形式来表现植物的姿态与神韵。要刻画清楚枝叶、树干、根茎的转折关系，用笔要有较强的节奏感。在对远景的树进行处理时应采用光影画法，就是按不同的树种归类为不同的基本形态，画出其在阳光下的效果。目的在于表现树的体积感和整体的树丛变化。

2. 山石的表现手法：山石以其独有的形状、色泽、纹理和质感成为景观中的重要元素之一。表现时要着重体现石头的立体感，线条的顿挫曲折变化应与石头自身形体的转折相一致。同时应注重在日常写生中对石头的不同形态进行研究。

3. 水景的表现手法：水景在景观中的表现形式很多，有人工的湖泊、池塘、瀑布、喷泉、叠水、水幕等。水景在园林中的作用就是利用其特质柔化和贯通空间。画水就要画它的特点、画它的倒影和流动性。水在阳光的照射下会产生很多倒影，对这些倒影要进行概括的处理，表现出水面波光粼粼的特点。

▶ 1.

1.

2.

▶ 3.

三、景观表现图的绘制步骤

步骤一： 根据景观中不同构成元素的材质特点，运用不同的笔法进行表现。作为前景的铺地应用概括的手法进行塑造；处于中景的草坪应进行细致地描绘，力图体现其层次丰富、品种多样的特点；叠水的处理应注重落差的变化，线条简明而准确；处于远景的植物和楼体则要进行取舍和概括，注重景观与楼体轮廓分界线的虚实。

步骤二： 选择多种绿色的彩铅对草皮进行平铺式的绘制。在绘制时应遵循色彩前冷后暖的变化规律，通过颜色的冷暖变化加强室外空间的纵深感。

步骤三： 选用冷灰色系的马克笔表现石头和鹅卵石地面的肌理效果，注意光照角度与用笔方法的一致性。用马克笔表现作为背景楼体的外檐色彩变化，用其外檐的明暗衬托出室外景观的轮廓。

步骤四： 用水溶彩色铅笔表现湖面及叠水瀑布的效果，对喷泉的处理要采用留白的方式，同时加强画面逆光处环境的表现，注意冷暖灰色的搭配。最后用绿色的马克笔刻画植物的层次变化，加强画面的进深空间关系，强化水面及周围环境的对比。

▶ 1.

▶ 2.

▶ 3.

▶ 4.

点评：

1. 作者：刘宇
   点评：用马克笔和彩色铅笔结合的方法来表现家具的材质特点，两种材料的特性结合的较好，材质表现逼真，光影层次丰富。

2. 作者：刘宇
   点评：欧式沙发的表现准确而生动，布艺的质感刻画逼真，画面光照方式统一，主体与画面配景的结合较好，色彩变化丰富。

3. 作者：刘宇
   点评：运用马克笔概括地表现沙发形体，笔触与形体结合的较好，光影的变化虚实得当，画面的灰色调层次丰富。

4. 作者：刘宇
   点评：用简洁和概括的笔触表现家具的造型，笔触的用法灵活，虚实得当，冷暖颜色之间搭配合理。

1.

2.

点评：

1. 作者：张坤
   点评：画面的重点表现突出，整体感很强，木质地板的质感和纹理表现得逼真。

2. 作者：李磊
   点评：画面的灰色调处理十分雅致，层次变化丰富，装饰细节的处理准确而到位。

3. 作者：金毅
   点评：画面十分注重对人造光源的光环境处理，很好地表现出地面的反光层次变化，画面冷暖色调搭配得当。

4. 作者：李佳
   点评：画面材质特点表现得准确而到位，墙面瓷砖采用了概括的手法进行处理，橱柜的光影层次变化准确而到位。

3.

4.

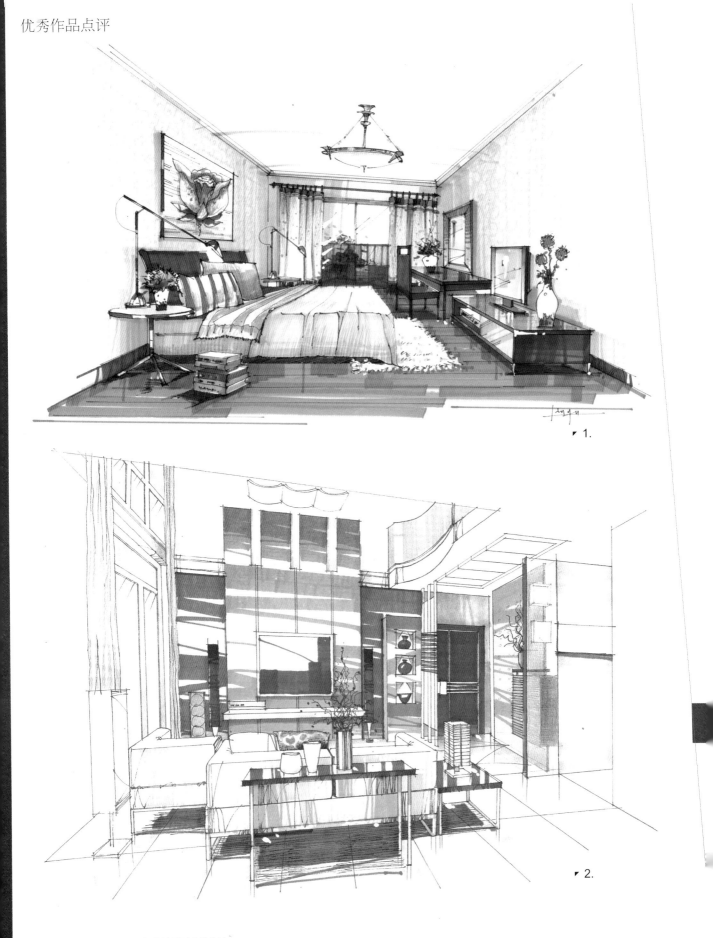

1.

2.

▶ 3.

▶ 4.

点评:

1. 作者:刘宇
   点评:室内纺织品表现细腻而生动,运用灵活的笔触恰当地表现出不同材质的特点,画面色调和谐,层次分明。

2. 作者:张坤
   点评:画面生动地运用马克笔笔触来体现材质的纹理特点,笔触与光照的方向表现一致,但笔触表现方法有所雷同,应加以注意。

3. 作者:刘敬成
   点评:画面恰当地运用了彩色铅笔表现物体细腻的特点,生动地刻画了客厅的室内效果,光影层次变化丰富。

4. 作者:柴恩重
   点评:运用灰色系表现办公空间的现代感,画面的灰色调十分恰当地表现了材质和光影的特点。笔触运用灵活多变。

点评：

作者：杨洋
点评：这是一幅对照照片进行表现的建筑效果图，建筑的整个色调统一，笔触变化与光照的方式相一致，表现的整体感很强。

第八章　水粉、水彩、喷绘的综合表现技法分析

第一节　水粉写实表现技法

一、　绘制材料的特点与表现力

1. 水粉材料的特性

　　水粉颜料主要是以水为调和物的一种表现颜料，其特点是表现力丰富，运用简便，能真实地表达设计构思和创意，是常用的效果图表现材料之一。水粉颜料由于含有粉质，覆盖能力强，对画面深入表现的余地很大，能够兼有水彩和马克笔的双重优点，能很精确地表现所设计的空间的物体质感。光线变化和室内空间色调在表现的手法上也有多样化的特点，可以采用叠加的干画法，也可以多加入水分表现其薄画法的特性。其技法运用的兼容性较强，在表现时可采用虚实相结合、干湿相结合、薄厚相结合的特点来进行深入地刻画。同时也可结合喷绘和彩色铅笔的工具特点丰富表现层次。

　　水粉画的颜料品种很多，包装形式各有不同，在选择时可以根据表现的内容不同和画面效果的要求选择不同品牌的颜料。水粉画对纸张有一定的要求，要选用吸水性适中、薄厚均匀的纸张，因为吸水性较强的水彩纸容易使画面变灰，而过于薄、吸水性差的纸无法承受笔触的反复叠加而产生变形的现象。在运用水粉纸绘图前应把纸平整地裱在图板上，起稿时可以用铅笔进行拓印，也可以采用勾线笔直接起稿。水粉笔的种类很多，在选择的时候应挑选含水性较好的平口水粉笔或进口的尼龙笔，因为这种笔比较坚硬，善于表现笔触。在处理物体的边缘线时可选用一些衣纹笔或白云笔。还有一些工具也能辅助效果图的表现，例如槽尺。槽尺是用来画线的，这种尺的中间有一条沟线作为支撑笔的滑槽，塑造物体和画面的结构时我们多会用到槽尺。

2. 水粉材料的表现特点

　　在利用水粉颜料进行效果图绘制时，首先要做整体画面的色调渲染，选用中号的半刷刷出画面的基本色调，这种底色一般是画面的中间色调，我们可以借助底色加重或提亮物体，这样可以节省绘图时间。在涂刷底色时，要尽可能地表现出方向一致的笔触，这样可以丰富画面效果，表现背景的肌理。用吹风机把底色吹干后应按照从上到下、先整体后局部的原则作画。先处理画面顶棚天花，通过笔触和颜色的渐变表现出顶棚的空间感，再用槽尺绘制线条勾勒房间的结构，但笔触要轻薄整齐避免出现花乱的效果。接下来依次处理墙面的装饰和室内空间的家具，用

水粉笔勾画家具的形体变化和材质特点，要注意家具的变化应符合整体空间光影变化的需要。水粉及颜料的特点是可以反复叠加进行修改，但稍隔一段时间底色就会因化学变化而泛出。室内地面的表现要采用薄画法来绘制，先画出中间色，待颜料干后用比较亮的颜色画出地板受光面积的反光，要注意光照效果的一致性，地板的反光要加入一些环境色。笔触要运用灵活，可以用一些小号的衣纹笔表现细节的变化，在绘制时要充分利用水粉干湿画法的特点表现不同的物体和材质。

　　在进行室外景观及建筑的表现时，要把建筑作为画面主体进行处理，加强建筑的结构变化，特别是建筑外立面的结构和材质特点要刻画得清晰到位。在表现玻璃幕墙时，要把玻璃的反光和天空的环境作为一个整体来处理。建筑周围环境的配景处理十分重要，要很好地利用近景、中景、远景，加强空间的进深变化，营造画面气氛。在处理配景时应采用归纳概括的手法注意植物、花卉在光照下的变化关系，既要表现出细节又不可喧宾夺主。天空和地面作为室外的大环境都应采用薄画法，云朵采用笔触叠加的方法进行处理，但要注意云彩在天空中的透视变化。地面的处理则应适当地加强投影关系，增强画面的明暗对比。

二、 写实作品的步骤图分析

步骤一： 根据选择描绘的实景照片按比例用铅笔在水粉纸上绘制底稿，铅笔线条要清晰可见并准确地表现室内的空间效果及陈设装饰。起稿时可多选用H或HB的铅笔。应注重对室内物体的轮廓线的表现，要避免用橡皮反复涂擦，这样会破坏纸的表面。

步骤二： 用较为饱和水粉颜料从顶面开始绘制，同时借助槽尺来勾画室内的轮廓，利用水粉颜料塑造能力强的特点来表现木质装饰的纹理变化。在绘制时应先从中间色开始表现，然后加重暗部层次，再用浅色颜料表现光影照射下的受光区域，最后用小号水粉笔塑造木材的纹理变化。对照片中玻璃镜面的表现是一个难点，玻璃的反光层次较强，植物在玻璃中的变化受到室外光线的影响显得明暗分明。按照从上向下画的原则，逐步退润玻璃的反光效果。特别要注意植物在玻璃反射下的虚实变化。

步骤三： 当画面的上部基本处理完整后，要着重刻画作为画面视觉中心的明清家具。首先应该选用浅棕色整体上一遍底色，然后运用深颜色有层次渐变地加重暗面的明暗变化，暗面的木质纹理料用彩色铅笔来描绘细节。桌椅的亮面应在光线的照射下统一进行处理，多采用薄画法来处理光线照射下的亮面变化。在物体的细节处理上要强调转折处的结构造型，特别是光影在转折处的微妙变化。地面的片石材质应先整体着色，在灰蓝色的色调下进行细节纹理的刻画，可以干笔触刻画石材表面的粗糙肌理，并用细的小号水粉笔勾画石材的缝隙。

步骤四： 最后要根据光照的方向统一调整画面受光区，加强光影变化的一致性，同时对画面中的细节进行精致刻画。对不同材质的小饰品，如：书法、陶瓷、青铜器等进行描绘时要注重体现它的材质特点。进入到最后调整阶段要用笔触大胆概括一些作为背景的虚画物体，力图衬托出画面的视觉中心，增强画面的空间进深感。

局部

完成图

步骤图

局部

点评：

点评：此幅图重点表现浅浮雕的墙面在灯光照射下的层次变化。采用干画法处理墙面的石材肌理，特别是浮雕墙面高光处的表现统一而一致。其他家具和地面则用湿画法表现，效果概括而统一。

1.

2.

▶ 3.

点评：

1. 点评：此图刻画精致，形体造型表现丰富，特别是对灰白色墙面的处理显得恰当而准确，使整个画面笼罩在一种高雅的色调之中。但地毯的处理过于强化细节，没有很好地跟室内光线的变化结合在一起，影响了地面的整体感。

2. 点评：这是一幅非常完美的写实作品，局部与整体表现得淋漓尽致，特别是靠光线表现出了欧式大厅的空间进深感和宏伟的气势。顶棚装饰、墙面柱式及欧式家具的细节都处理得十分精致。整个画面色调高雅，艺术感极强。

3. 点评：利用光影烘托市内气氛是这幅画的成功之处，在灯光的照射下整个室内色调受环境色影响很大。在进行表现时作者十分注重对光影形体透视变化的刻画，同时对环境色的表现也恰到好处。冷暖色调搭配得十分和谐。

▲ 2.

▶ 3.

点评:

1. 点评: 画面的整体空间感表现充分, 近景、中景与远景层次变化丰富, 冷暖关系处理得当, 特别是对细节物体的刻画充分而到位, 准确地表现出不同物体的材质特点。同时画面中作为虚处理的背景处理手法概括, 很好地衬托了主体。

2. 点评: 此图色调和谐, 冷暖搭配适当, 特别是作为画面背景的窗外植物处理得丰富而含蓄, 很好地延伸了室外的空间效果, 与画面中心的暖色调沙发形成色调上的鲜明对比。画面细节处理相似但均遵从整体变化规律。

3. 点评: 画面注重对欧式家具及自然光照射的环境进行表现, 沙发的反光度较低, 在刻画时应着重体现其布艺的材质特点, 精细地刻画其花纹的细节变化, 再现其欧式家具的形态特点。刻画的另一个难点是在光线照射下的地板反光变化, 在进行表现时可以采用适当夸张的手法加强画面效果。

1. ◥

2. ◣

点评：

1. 点评：此幅图墙面的处理十分成功，用层次渐变的笔触表现墙面的光影变化。作为处在暗面的欧式沙发则着重表现其布艺花纹的变化。其他环节则进行了概括的处理，画面的重点突出，层次分明。

2. 点评：运用细腻而写实的手法表现欧式装饰空间的室内一角，画面整体色调处理统一，表现重点突出。墙上的铜镜和皮质的欧式座椅成为画面的视觉中心，在表现时重点刻画其细节变化和材质特点。对于作为陪衬的壁炉和壁纸采用了概括的处理手法。整个画面很好地统一在自然光的照射下，显得十分和谐。

第二节　水彩渲染表现技法

一、绘制材料的特点与表现

1．水彩材料的特性

　　水彩是一种以水为调和颜料的表现工具，它是室内外表现图的传统技法之一。水彩具有明快、湿润、清透的材料特点，能够表现变换丰富的室内外场景。

　　水彩颜料的特性是颗粒细腻而且十分透明，色彩浓淡相对容易掌握。在市面上出售的以马丽牌颜料居多。为了增加色彩表现的纯度，我们有时可以混用一些透明水色。水彩画对笔的要求较高，应选用毛质较软的水彩笔或进口的尼龙笔。为了方便大面积作画可准备中号和小号的羊毛板刷各一只。纸的选用要选择吸水性好的、质地厚实的水彩纸，也可选用一些进口的特种纸张进行表现。

2．水彩材料的表现特点

　　水彩颜料的渗透性很强，颜色的叠加与覆盖力较差，一般最多叠加两到三遍。反复多次叠加会使画面变灰变脏，画面显得十分沉闷。在进行绘制时应由浅至深、由明至暗逐层深入。在物体的高光区应采用留白的处理方法，绘制时应特别注意对水分的掌握，要充分发挥水的特性，表现其变换丰富的画面效果。水彩可分干画法和湿画法两种。湿画法一般是将纸全部浸湿，在湿纸上作画。这种技法要求下笔大胆肯定、一气呵成，不易进行反复修改。其优点是颜色能够得到很好的相融，色彩变化丰富。干画法是指通过笔触的叠加表现其画面的层次变化。在用笔触进行表现时应尽量采用概括的手法。

　　一张好的水彩效果图要求绘制者有较强的基本功和灵活多变的处理手法，在进行表现时按照颜色由浅至深的层次逐步上色。

渲染是水彩技法的基本表现手段，主要有退润、平涂等手法。退润不仅有单一颜色的润变，还有两至三种颜色相组合的润变，这样不仅色彩丰富还能很好地表现出画面的光感、空间感和材质特点。在进行室内的效果图表现时要

从整体入手，从顶棚、地面、墙壁这些决定画面色调的
颜色入手，颜色尽量表现准确，一步到位。笔触的运用
则要灵活，特别是对植物和纺织品的表现要采用随意的
笔触。在刻画时要把琐碎的笔触和丰富的色彩渐变表现
在设计的重点对象上，同时要注意局部细节与整体效果
的相互关系，要做到近实远虚，特别是对逆光下和投影
下的物体细节要进行大胆的概括，不要因为琐碎的细节
而破坏了画面全局的效果。

二、渲染作品分析

▶ 1.

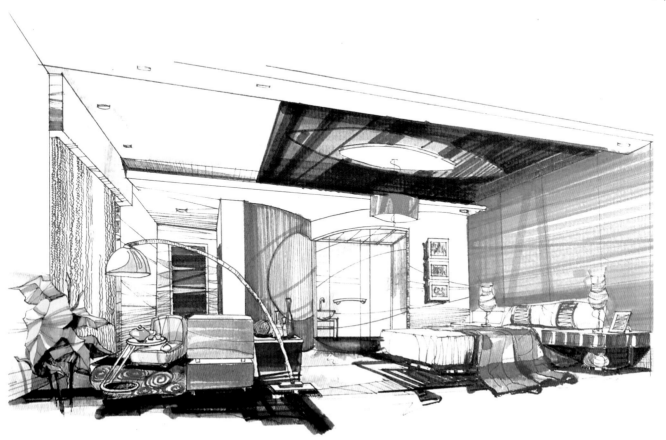

2.

3.

分析：

1. 分析：用水彩和马克笔相结合的方式处理室内空间，在表现时把水彩的绘画笔触同室内的空间结合起来处理，笔
   触的节奏变化丰富，画面效果十分生动。在对不同材质的物体进行刻画时，选用不同的笔触对其特点进行
   表现。整个画面的色彩纯度较高，色彩搭配和谐。

2. 分析：这是一幅国外设计师的水彩表现图，画面十分注重光照对整体环境的影响，利用投影的变化丰富画面的层
   次，对画面中的细节刻画精致到位，特别是画面中的人物表现得十分生动，很好地和环境融为一体。建筑
   作为画面的背景处理得概括而整体。

3. 分析：整幅画面的色调清新而高雅，作为主体的白色建筑表现的层次清晰，结构准确，很好地体现出了水彩轻薄
   明快的材料特点。周围的植物则用生动的笔触进行描绘，利用不同的笔触和色彩的纯度来表现出植物的前
   后空间关系，丰富画面层次。

三、优秀作品点评

1.

2.

点评：

1. 点评：画面用生动而灵活的笔触营造空间气氛，画面中建筑处理十分严谨，而其他配景如人物、花卉、水体等处理得丰富而
   多变，使整幅画面显得生动而不凌乱。同时作者注重画面中光影的表现，用极概括的手法归纳光影的变化，营造画面
   的整体空间感。

2. 点评：这是一幅在特种纸上进行绘制的作品，利用纸的底色来统一画面色调。整个画面的构图形式巧妙，建筑掩映在虚实变
   化丰富的植物之中。画面的近景和远景处理得都很概括，重点对中景进行深入表现，突出画面中心。

▼1.

1.作者：韩雪
　点评：作者大胆地运用了纯度较高的红色、蓝色和绿色来组织画面，力图在色彩的对比与冲突之中寻求一种平
　　　　衡。运用水彩的湿画法表现出室外庭院的空间层次变化，尤其是对画面中虚化的物体概括得十分到位。

2.

2. 作者：韩雪

点评：作者巧妙地运用了水彩颜料的水质特性，用灵动而丰富的笔触很好地表现了建筑在自然光照下的丰富变化。
　　植物在建筑上的投影处理得灵活而富有层次。建筑形体刻画严谨，用笔肯定而到位。

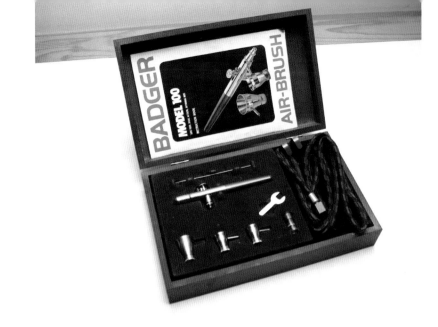

第三节　喷绘表现技法

一、绘制材料的特点与表现

1. 喷绘工具的特性

　　喷绘技法是当代建筑画绘制中主要的表现方式，随着现代工业技术的不断提高，喷笔已能完全地满足表现图绘制的需要。喷绘的优点很多，它能够十分细腻地表现画面的空间层次，光感与质感过渡的和谐而自然，色彩渐变微妙而丰富。特别是对材质的表现有着近似于逼真的能力。对大理石光滑的质感表现得十分逼真；对木质地板的纹理和倒影刻画得十分生动；对于金属和玻璃的强烈反光表现得准确而到位。我们在市面上常见的喷笔如德国的施德楼和美国的红环以及一些国产的喷笔。其喷口的直径为0.2~0.4mm，小口径用来表现物体的细节和画面的景致部分，大口径则用来喷绘大面积的背景。在喷绘的过程中我们要经常使用一些遮挡纸，其质地一定要紧密而光滑，一旦与色彩粘连便会破坏画面的效果，影响被遮挡物的边缘形态。我们可以选用优质的白卡纸或塑料挡纸进行遮挡处理。喷绘所选用的纸张多为绘图纸或进口喷绘纸。其表面应有一定凹凸的纹理，对颜色的吸附力较强。在颜料的选用过程中应主要选用水粉及丙烯颜料。国产的颜料颗粒较大，喷出的效果粗糙，我们可以先稀释颜料中的胶状成分，再进行使用。

2. 喷绘工具的表现特点

　　喷笔为深入而逼真地表现物体变化创造了技术条件，它所表现出的细腻变化增强了建筑画的真实感，特别是对天空、灯光、金属、物体倒影等普通工具难以表现的物体提供了技术支持，能够很好地再现这些物体的真实变化，而且具有绘制速度较快，可以适度修改的特点。但喷笔也有其弱点，特别是对较小较精致的物体表现能力稍差，对物体具体形的表现有一定的模糊性。所以我们在绘制表现图时要把喷笔的表现优势和马克笔、水粉笔的优势结合起来，取其长处为表现画面的效果而服务。

二、优秀作品点评

点评：

点评：建筑主体的冷色调与天空的暖色调形成鲜明的色彩对比，作者是着重表现建筑表面材质的肌理变化，特别是建筑主体在光照下的冷暖变化。地面、绿化和汽车都进行了概括的处理，丰富了建筑底部的空间关系。同时天空由冷及暖的变化关系也和画面的主色调很好地结合在一起。

▶ 1.

◀ 2.

点评：

1. 点评：此图充分表现了喷绘技法的特点，通过喷笔的绘制，整个画面的效果细腻而逼真，特别是天空的色彩处理的渐变柔和。建筑主体表现的层次分明，光影变化自然。画面中的景观环境采用水粉绘制的手法，笔触和植物的形体变化结合得十分恰当。整个画面空间纵深感很强，喷绘技法和水粉写实技法结合得十分出色。

2. 点评：这是一张喷绘的建筑鸟瞰图，整体的冷色调很好地突出了建筑作为画面主体的作用。作者在表现时注重建筑形体和光照方向之间的变化关系。由于画面表现场面宏大，在处理时应注重画面的主次关系，不能处理得面面俱到，同时利用投影丰富建筑的空间进深。作为远处的配景则要大胆虚化，并注重与建筑主体之间的空间层次关系。

3. 点评：作者选用独特的视角表现建筑在夜景下的视觉效果，着重刻画光感从建筑顶部到底部的微妙变化。尤其是对建筑细节的表现准确而到位。建筑的前广场和周围道路在夜景灯光照射下的微妙变化也被刻画的含蓄而生动。大面积的夜景环境则采用了体块式的概括手法。蓝灰色的夜景很好地衬托出了灯光下的建筑主体。

点评：

1. 点评：画面色调高雅，冷暖色调搭配和谐，建筑外檐的材质表现十分逼真，很好地发挥出了喷笔技法的优势。利用水粉塑造的周围环境对主体建筑起到了很好的衬托作用，特别是叠水瀑布的表现含蓄而生动，采用喷绘和水粉小笔触的结合方式表现水的动感和空间感。

2. 点评：建筑外立面造型独特，采用水彩退润的画法表现建筑在光照下的层次变化。同时天空采用先喷绘后水粉叠加的方式处理云层的体积感和天空的层次关系。主体高层建筑作为画面中心，主观地加强其明暗对比变化，其他的低矮建筑采用概括的表现方法只对其轮廓进行表现，其他细节则一带而过，起到了很好的突出主体的作用。

点评:

1. 点评: 超高层建筑是国外建筑画常表现的题材
   之一, 画面生动逼真地描绘了超高层建
   筑的形体及细节变化, 很巧妙地利用光
   影处理建筑前后的空间感。空间作为画
   面的背景采用了喷绘和彩色铅笔相结合
   的表现手法, 显得丰富而富有变化。画
   面中的植物和河道并没有因为其配属位
   置而被忽略, 相反画得也是栩栩如生。

2. 点评: 建筑外立面刻画精致, 很好地表现出
   建筑的结构变化, 建筑主体与周围关系
   处理得当, 很好地衬托出建筑在画面的
   中心位置。采用水粉的薄画法处理天空
   效果, 显得整体而富有变化。天空的大
   笔触变化与建筑的细节刻画形成鲜明的
   对比。

1.

2.

点评：

点评：图面重点表现建筑玻璃幕墙的反光效果，在绘制时应该把玻璃幕墙和天空作为一个整体来进行表现。天空部分先进行整体喷绘，再用水粉颜料刻画出云层的厚度和立体感。而建筑玻璃幕墙上的云朵反光则要进行虚化。

comments on outstanding illustrations

作者：张权

作者：金毅

作者：夏婕

作者：夏婕

线稿

作者：赵杰

作者：金毅

作者：史佳

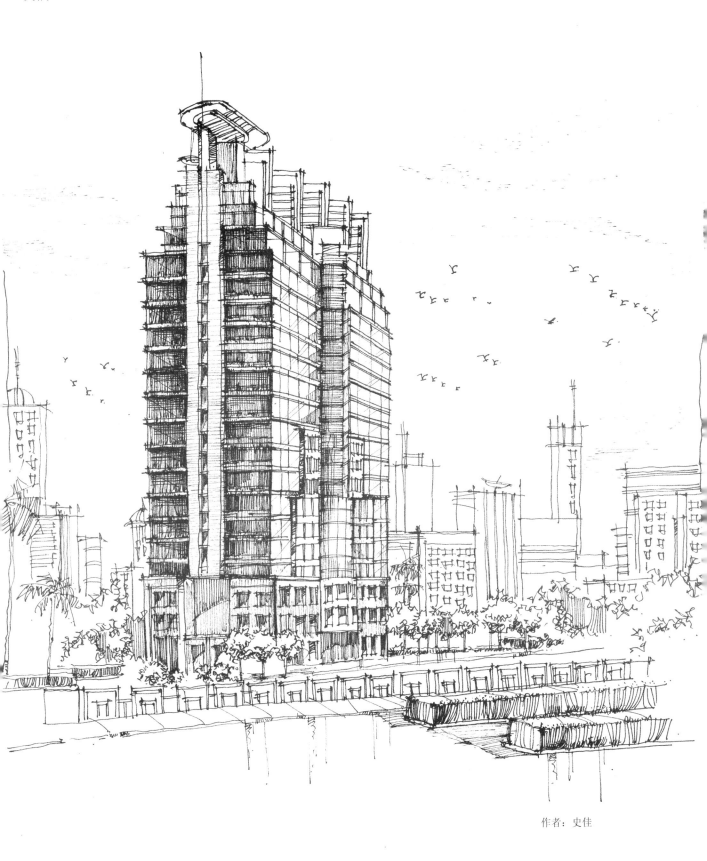

作者：史佳

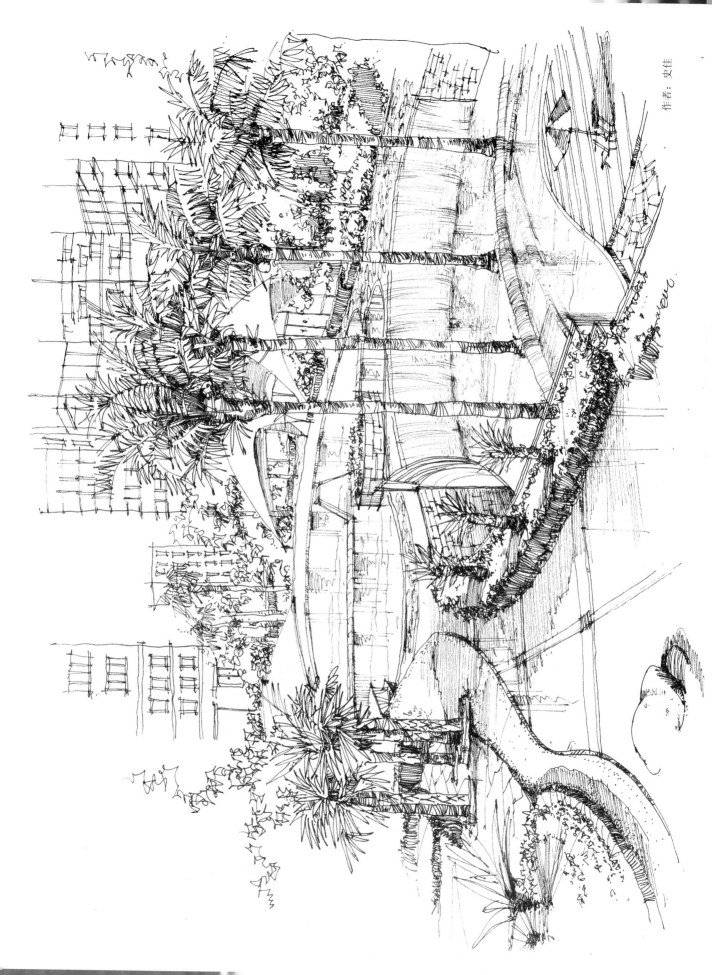

作者：史佳

作者：张权

作者：吴雪凌

作者：李磊

作者：王苗

作者：吴雪凌

作者：吴雪凌

作者：赵杰

马克笔

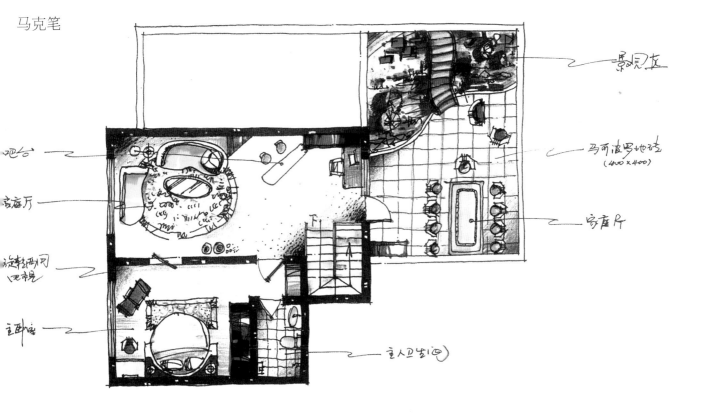

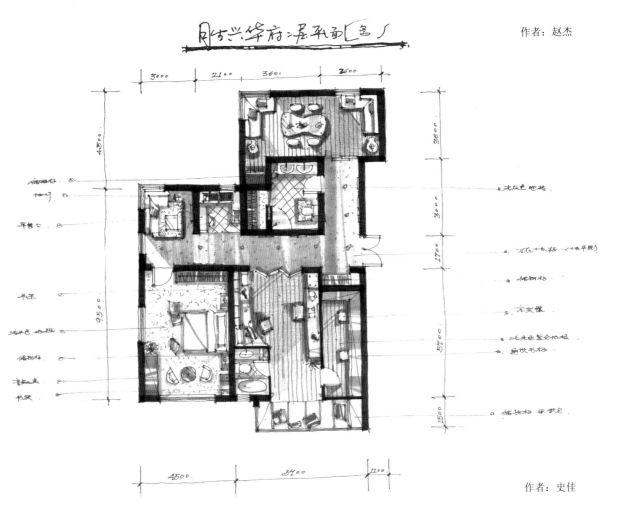

作者：赵杰

作者：史佳

作者：刘宇

作者：刘宇

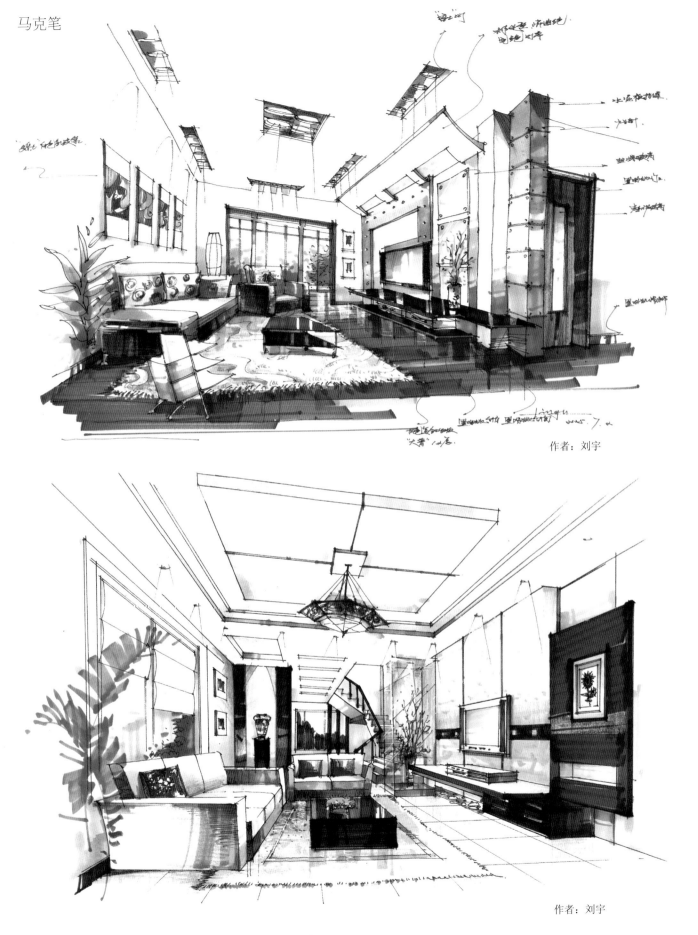

作者：刘宇

作者：刘宇

作者：刘宇

作者：张越成

作者：金毅

作者：刘宇

作者：赵杰

作者：赵杰

作者：刘宇

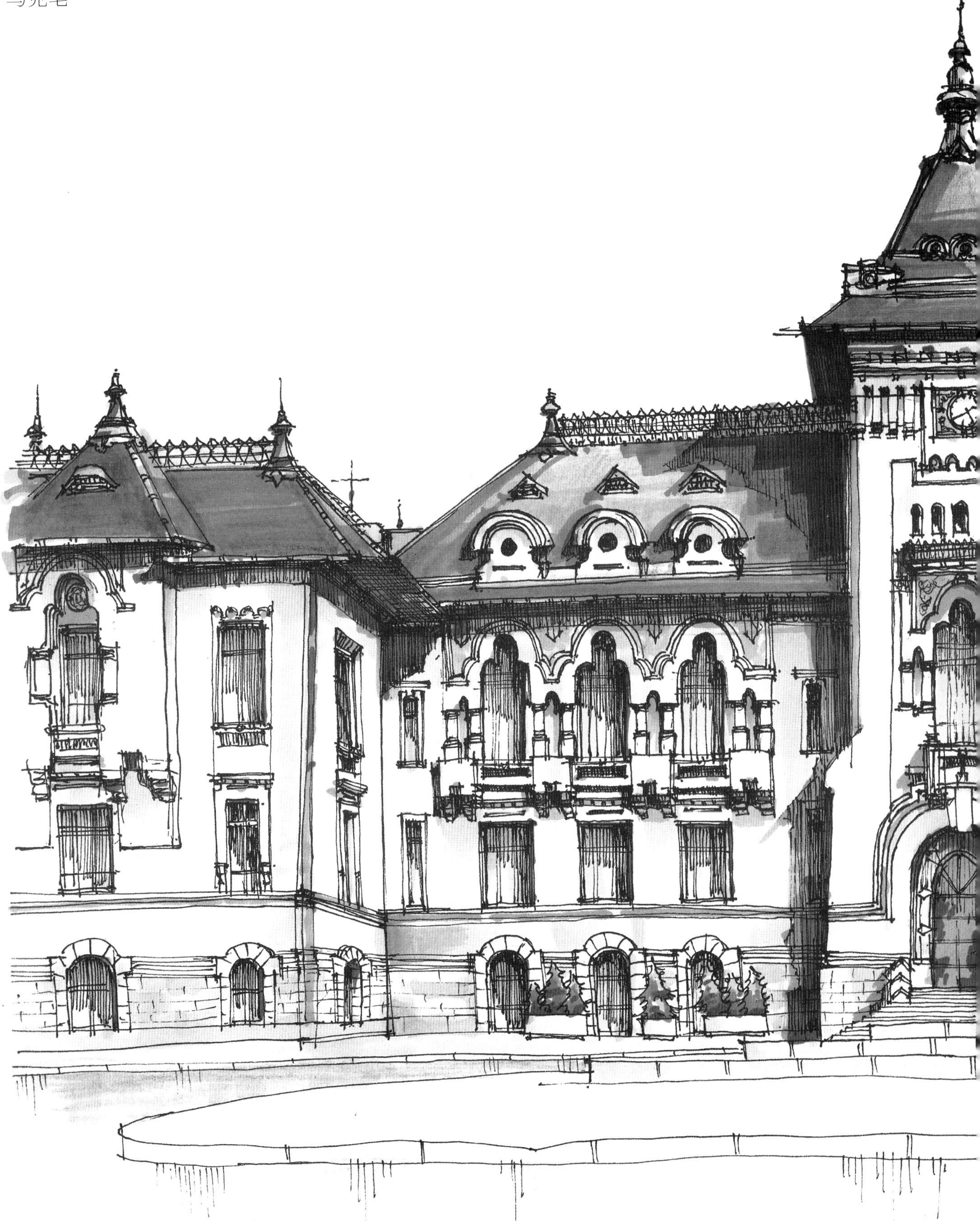

作者：吴雪凌

作者：刘永哲

作者：刘宇

作者：刘宇

作者：刘宇

作者：杨洋

作者：吴乃松

作者：赵杰

作者：王苗

作者：王苗

2006.8.8

作者：金毅

作者：赵杰

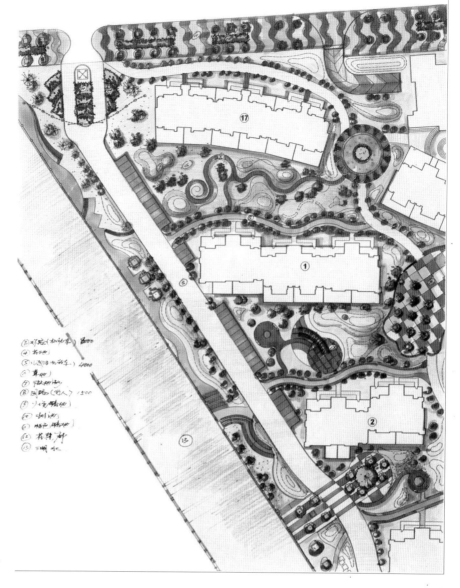

作者：刘宇

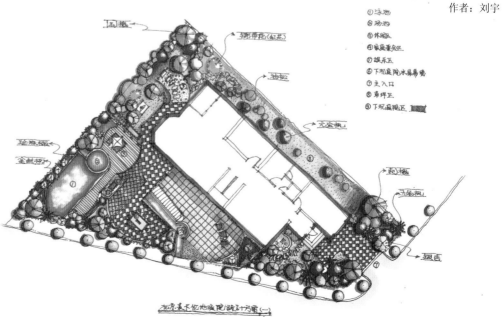

① 泳池
② 汤池
③ 休憩区
④ 最底草坪区
⑤ 娱乐区
⑥ 下沉庭院休息幕墙
⑦ 主入口
⑧ 草坪区
⑨ 下现庭院区

北京美术馆地庭院景观设计方案（一）

作者：赵杰

作者：赵杰

后记

手绘技法的学习是一个不断加强和完善的过程，从临摹图片开始逐步走向自我的风格表现，并在摸索技法的同时注重技法与思维的结合，使表现更好地为设计服务。

此书所选用的资料有些是我近两年的手绘作品，还有一些优秀的国外效果图，同时天津理工大学艺术学院、天津美院环艺系和天津大学建筑学院的部分同学也提供了优秀的作品，丰富了此书的内容。在此，我要深深地感谢曾经教育和指导过我的天津美院环艺系和天津大学建筑学院的老师们，以及许多朋友、学生和亲人的支持。因名单太长而且难免疏漏请恕我无法一一列出，但我相信看到这句话的人会感知我发自内心的真诚谢意。

愿此书能为广大学习艺术设计的学生提供一些启迪和帮助。

主要参考文献:

1. 《设计与表现》杜海滨 编著　辽宁美术出版社 1997年3月第1版

2. 《设计表现技法》梁展翔 李永絮 编著　上海人民美术出版社 2005年2月第2版

3. 《手绘表现图技法》吴晨荣 周东梅 编著　东华大学出版社 2006年1月第1版

4. 《表现技法》刘铁军 杨冬江 林洋 编著　中国建筑工业出版社 1996年6月第1版

5. 《手绘室内外设计效果图》陈新生 著　安徽美术出版社 2004年12月第1版

6. 《THE AIR OF ARCHITECTURAL ILLUSTRATION2》

7. 《NYSR portfolio of architectural & interior rendering》